新编畜禽饲养员培训教程系列丛书

U0272088

新编鹅饲养员培训教程

◎ 李连任　主编

中国农业科学技术出版社

图书在版编目（CIP）数据

新编鹅饲养员培训教程 / 李连任主编 . —北京：中国农业科学技术出版社，2017.9

ISBN 978-7-5116-3189-3

Ⅰ . ①新… Ⅱ . ①李… Ⅲ . ①鹅—饲养管理—技术培训—教材 Ⅳ . ① S835.4

中国版本图书馆 CIP 数据核字（2017）第 181566 号

责任编辑	张国锋
责任校对	贾海霞

出　版　者	中国农业科学技术出版社
	北京市中关村南大街 12 号　邮编：100081
电　　　话	（010）82106636（编辑室）（010）82109702（发行部）
	（010）82109709（读者服务部）
传　　　真	（010）82106631
网　　　址	http://www.castp.cn
经　销　者	各地新华书店
印　刷　者	北京富泰印刷有限责任公司
开　　　本	880mm×1 230mm　1/32
印　　　张	5.75
字　　　数	164 千字
版　　　次	2017 年 9 月第 1 版　2017 年 9 月第 1 次印刷
定　　　价	26.00 元

编写人员名单

主　　编　　李连任

副 主 编　　王立春　徐海燕

编写人员　　李连任　于艳霞　闫益波　庄桂玉

　　　　　　李长强　徐海燕　解植询　朱　琳

　　　　　　侯和菊　李　童　武传芝　王立春

前言

　　进入 21 世纪，畜禽养殖业集约化程度越来越高，设施越来越先进，饲料营养水平越来越科学。通过多年不断从国外引进种畜禽良种和选育、扩繁、推广，我国主要种畜禽遗传性能得到显著改善。但是，由饲养管理和疫病问题导致畜禽良种生产潜力得不到充分发挥，养殖效益滑坡甚至亏损的情形时有发生。因此，对处在生产一线的饲养员的要求越来越高。

　　一般的畜禽场，即使是比较先进的大型养殖场，由于防疫等方面的需要，多处在比较偏僻的地段，交通不太方便，对饲养员的外出也有一定限制，生活枯燥、寂寞；加上饲养员工作环境相对比较脏，劳动强度大，年轻人、高学历的人不太愿意从事这个行业，因此，从事畜禽饲养工作的以中年人居多，且流动性大，专业素质相对较低。因此，编者从实用性和可操作性出发，用通俗的语言，编写一本技术先进实用，操作简单可行，适合基层饲养员阅读、学习参考的教材，是畜禽养殖从业者的共同心声。

　　正是基于这种考虑，我们组织农业科研院所专家学者、职业院校教授和常年工作在畜禽生产一线的技术服务人员，从各种畜禽饲养员的岗位职责和素质要求入手，就品种与繁殖利用、营养与饲料、饲养管理、疾病综合防制措施等方面的内容，介绍了现代畜禽生产过程中的新理念、新技术、新方法。每章都给读者设计了知识目标和技能要求；在为培训人员设置的技能训练项目中，提出了具体的目的要求、训练条件、操作方法和考核标准；为饲养员设计了思考与练习题，以便培训时使用。

本书可作为基层养殖场培训饲养员的专用教材或中小型养殖场、各类养殖专业合作社工作人员及农村养殖专业户自学使用，亦可供农业大中专院校相关专业师生阅读参考。

由于作者水平有限，书中难免存在纰缪之处，恳请广大读者不吝指正。

编　者

2017 年 5 月

目　录

第一章　鹅饲养员须知

知识目标

 1. 理解鹅饲养员的职责与素质要求。

 2. 了解鹅的消化特点。

 3. 掌握鹅的生物学特性。

 4. 了解鹅的繁殖特点。

 5. 掌握鹅的品种特点与选择方法。

 6. 理解鹅品种的引进原则。

技能要求

 能识别常见鹅的品种。

第一节　鹅饲养员的职责与素质要求

一、鹅饲养员的职责

① 每天定时做好巡护工作，并且不少于 3 次，做好巡护记录。

② 做好环境卫生工作，保持场内与周边环境清洁卫生。

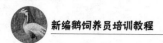

③ 正确做好饲料配比，按时投食，补充用水。

④ 仔细观察，在巡护时如发现异常情况，应及时汇报。

⑤ 认真填写各类报表，积累各项指标数据，字迹工整。

⑥ 协助防疫技术人员做好驱虫、防疫、消毒工作。

⑦ 领导安排的其他任务。

二、鹅饲养员的素质要求

① 遵纪守法，遵守养殖场的规章制度，爱护饲养动物及公共财物。

② 耐心、细心及强烈的责任心，对工作负责。

③ 服从领导工作分配，不怕脏、不怕累，忠于职守，做好本职工作。

④ 具备饲养相关的理论知识和饲养技术，积极参加岗位培训，不断提高自身业务水平。

第二节　鹅饲养员应知道的基础知识

一、鹅的消化特点

与其他水禽相比，鹅的消化和吸收作用有其自身特点。消化作用主要是在相关消化酶的作用下将蛋白质、脂肪、碳水化合物等营养物质转变为能够被肠黏膜上皮所吸收的物质，然后进入血液送至全身。胃液对食物的作用主要是在肌胃里进行的，鹅的肌胃肌肉的收缩力大约为鸡的两倍大，同时，借助食入沙砾，能磨碎与消化大量的粗纤维物质。因为停留的时间较长，鹅胃液是连续分泌的，其质和量则因年龄、饲养条件及饲料种类而有变化。鹅的肠还具有明显的逆蠕动，使食糜往返运行，能在肠内停留较长时间，以便更好地进行消化和吸收。小肠是吸收的主要部位，肠绒毛积极参与吸收作用。鹅的肠绒毛中没有乳糜管（淋巴管），只有丰富的毛细血管，所以各种分解产物都被吸收入血液。这些血液首先通过肝门静脉送到肝脏，一方面对某些吸收的有毒物质进行解毒作用，另一方面将糖类和脂肪贮存于肝内。盲肠内栖居有微生物，能对纤维素进行发酵分解，产生低级脂肪酸而被肠壁吸收。直肠短，主要吸收一些水分和盐类，形成粪便后送入泄殖腔，即排出体外，泄殖腔也有吸收少量水分的作用。

二、鹅的生物学特性

1.喜水性

鹅是水禽，喜欢在水中觅食、嬉戏和求偶交配。鹅群放牧饲养时应选择具有宽阔的水域和良好的水源的地方。舍饲时应设置有水浴池或水上运动场，供鹅群洗浴、交配。鹅的趾上有蹼，似船桨，躯体内有气囊，气囊内充满气体，在水上运动时轻浮如梭。鹅有水中交配的习性，特别是在早晨和傍晚，水中交配次数占60%以上。

2.食草性

鹅是草食水禽，凡在有草和水源的地方均可饲养，尤其是地上水较多、水草丰富的地方，更适宜成群放牧饲养。鹅的消化道总长是体躯长的11倍，而且有发达的盲肠。鹅的肌胃特别发达，肌胃的压力比鸡大2倍，是鸭的1倍。鹅的肌胃内有一层很厚而且坚硬的角质膜，内装沙石，依靠肌胃坚厚肌肉组织的收缩运动，可把食物磨碎。同时鹅盲肠十分发达，含有大量厌氧纤维分解菌，对粗纤维进行发酵分解，消化率可达40%~50%。据测定，鹅对青草中粗蛋白质的吸收率高达76%，饲喂7千克左右的青草和1~1.2千克的精料就会使鹅体重增加1千克。鹅的颈粗长而有力，对青草芽草尖和果实有很强的衔食性。鹅吃百样草，除有毒、有特殊气味的草外，它都可采食，群众称为"青草换肥鹅"。

3.合群性

家鹅由野雁驯化而来，雁喜群居和成群结队飞行，这种本性在驯化之后仍未改变，因而家鹅至今仍表现出很强的合群性。经过训练的鹅在放牧条件下可以成群远行数里而不紊乱。如有鹅离群独处，则会高声鸣叫，一旦得到同伴的应和，孤鹅则寻声而归群。相互间也不喜殴斗。因此这种合群性使鹅适于大群放牧饲养和圈养，管理也比较容易。

4. 敏感性

鹅的听觉敏锐，警觉性很强，反应迅速，能较快地接受调教和管理训练。但易受惊吓，要防止猫、犬、老鼠等动物进入鹅舍，或突发性声、光刺激，以免鹅群受惊而相互挤压、产蛋下降。鹅遇到陌生人会高声鸣叫，甚至敢振翅啄人。因此有人用鹅代替狗看家护院。

5. 耐寒怕热

鹅全身覆盖羽毛，且鹅的绒羽浓密、保温性能很好；鹅的皮下脂肪较厚，因而具有极强的耐寒能力。鹅的尾脂腺发达，可分泌油脂，鹅在梳理羽毛时，经常用喙压迫尾脂腺，挤出油脂分泌物，再用喙涂擦全身羽毛，来润湿羽毛，使羽毛不被水所浸湿，起到防水御寒的作用。故鹅即使是在冬季低温仍能在水中活动。在 10℃左右的气温条件下，也可保持较高的产蛋率。但鹅比较怕热，在炎热的夏季，喜欢整天泡在水中，或者在树荫纳凉休息。觅食时间减少，采食下降，产蛋量也下降，而且许多鹅种往往在夏季停止产蛋。

6. 摄食特点

鹅喙呈扁平铲状，摄食时不像鸡那样啄食，而是铲食，铲进一口后，抬头吞下，然后再重复上述动作，一口一口地进行。这就要求补饲时，食槽要有一定高度，平底，有一定宽度。鹅没有鸡那样的嗉囊，可以贮藏一定的饲料，故每日鹅必须有足够的采食次数，防止饥饿，小鹅每日必须喂料 7~8 次，特别是夜间补饲，俗谚："鹅不吃夜草不肥，不吃夜食不产蛋。"鹅的喙上有触觉，并有许多横向的角质沟，当在水中衔到带杂食的食物，可不断呷水滤水留食，从而可充分利用水中食物和矿物质满足生长和生产的需要。

7. 择偶性

鹅素有择偶的特性，公母鹅都会自动寻找中意的配偶，公鹅只对认准的母鹅经常进行交配，而对群体中的其他母鹅则不与交配。在鹅群中会形成以公鹅为主、母鹅只数不等的自然小群。经过一定的驯化，一般公母鹅比例可达 1∶（4~6）。

8. 抱性

鹅虽经过人类的长期选育，有的品种已经丧失了抱孵的本能（如太湖鹅、豁眼鹅等），但较多的鹅种由于人为选择了鹅的抱性，致使这一行为仍保持至今，这就明显减少了鹅产蛋的时间，造成鹅的产蛋性能远远低于鸡和鸭。通常母鹅产蛋10枚左右时，就会自然就巢，每窝可抱孵鹅蛋8~12枚。

9. 生活规律性

鹅具有良好的条件反射能力，生活具有明显的规律性。放牧鹅群，一日之中的放牧、游水、交配、采食、休息、收牧、产蛋等都有比较固定的时间。而且这种生活节奏一经形成便不易改变。如原来喂4次的，突然改为3次，鹅会很不习惯，并会在原来喂食的时候，自动群集鸣叫、骚乱。如原来的产蛋窝被移动后，鹅会拒绝产蛋或随地产蛋；鹅产蛋一般集中在凌晨，若多数窝被占用，有些鹅宁可推迟产蛋时间，这样就影响了鹅的正常产蛋。如早晨放牧过早，有的鹅还未产蛋即跟着出牧，当到产蛋时这些鹅会急急忙忙赶回舍内自己的窝内产蛋。因此，在养鹅生产中，一经制定的操作管理规程要保持稳定，不要轻易改变。

10. 肝脏沉积脂肪能力

鹅肝脏合成脂肪的能力大大超过其他家禽和哺乳动物。鹅体其他组织中合成的脂肪数量只占总量的5%~10%，而肝脏中合成的脂肪却占90%~95%，因此鹅是生产肥肝的最佳禽种。

三、鹅的繁殖特点

与其他家禽相比，鹅具有自身的繁殖特点。

1. 明显的季节性

鹅是季节性繁殖动物，一般每年9月到次年4月为母鹅的产蛋期。种鹅在繁殖期内，母鹅接受交配、产蛋；公鹅性欲旺盛、交配频繁。受精率也呈现周期性的变化。一般繁殖季节初期和末期受精率较低，产蛋中期产蛋率高时，受精率也高。

2. 较强的就巢性

就巢性即母鹅产蛋后停产抱窝的特性。除四川白鹅、太湖鹅、豁眼鹅、籽鹅等品种外，绝大多数大中型鹅种及局部小型鹅种都有就巢性。

3. 固定配偶交配的习惯

家鹅继承了它的祖先一夫一妻制的习惯，但不是绝对的，小群饲养时，每只公鹅常与几只固定的母鹅配种，当重新组群后，公鹅与不熟识的母鹅互相分离，互不交配，这在年龄较大的种鹅中更为突出。不同个体、品种、年龄和群体之间都有选择性，这一特性严重影响受精率。因此，组群要早，让它年轻时就生活在一起，发生"感情"形成默契，能提高受精率。但不同品种择偶性的严格水平是有差异的。规模化、集约化养鹅可能会改变这种单配偶习惯。

4. 利用年限长

一般中小型鹅的性成熟期为 6~8 个月，大型鹅种则更长。鹅的产蛋量在前 3 年随年龄的增长而逐年提高，到第 3 年达到最高，第 4 年开始下降，种母鹅的经济利用年限为 4~5 年，种鹅群以 2~3 岁的鹅为主组群较为理想。

5. 繁殖规律与光照周期有密切的关系

广东鹅属于短光照品种，豁眼鹅属于长光照品种。利用这个原理，采取科学的光照制度可以实现种鹅反季节繁殖。

6. 繁殖性能低

表现在性成熟较晚，6~8 月龄或 9~10 月龄才性成熟；产蛋量较低，每只鹅产蛋 25~40 枚或 50~80 枚；受精率和孵化率偏低，为 60%~80%；不育现象普遍，尤其是公鹅，交配器官短、细、软，交配能力弱，受精力差；留种时间对产蛋量有明显影响，大部分地区 12 月至次年 2 月留种较适宜，1—2 月留种最佳。北方地区最佳留种时间应在 4 月左右；广西、广东等地在 3—4 月留种较为适宜。

四、鹅的品种

鹅的品种是指来源相同、形态相似、结构完整、遗传性能稳定、具有一定数量和较高经济价值的鹅群。由于各地生态条件不同、社会环境各异、人民生活习惯的不同，经长期的自然和人工选择，形成了今天多样化的各地方品种。它们不仅体型外貌差异很大，生产性能也相当悬殊。因此，依据生产目的和当地的实际情况选择鹅的品种是养鹅业的关键问题，它直接影响着鹅的生产性能和养鹅的经济效益。世界鹅种按地理区域划分为：中国的中国鹅，法国的图卢兹鹅，意大利的罗曼鹅，德国的波美拉尼亚鹅和埃姆登鹅，欧洲东南部的塞瓦斯托波尔鹅，非洲的阿非利加鹅，埃及鹅，美洲的比尔格里鹅等9个有代表性的品种。我国鹅品种资源丰富多样，有产蛋量高，有产肉、产绒性能较好、也有产肝性能较好的优良地方品种，不仅自然生态适应性广、抗逆性强、耐粗饲、觅食力强、产蛋多、肉质好。但是，与国外品种相比，有些方面还是存在差距，如，产绒以白鹅较高，主要有皖西白鹅、浙东白鹅、豁眼鹅和四川白鹅等，但与法国和匈牙利培育的中型白羽肉鹅产绒量和绒质相比，还有一定的差距。产肝品种有狮头鹅、溆浦鹅和合浦鹅，肥肝性能较好，但它们均未经肥肝生产性能的专门化选育，与法国、匈牙利等国培育的肥肝专门化品种无法相比。因此，为了有目的、有计划地更好地利用现有鹅品种资源，开展国内外鹅种杂交优势利用，培育新品种，发展生产，提高我国养鹅经济效益。

（一）鹅的品种分类

1. 按体重大小分类

国内外一般都以成年体重的大小作为划分体型大、中、小的标准，这是目前最常用的分类方法。小型品种鹅一般公鹅体重为1.5~5.0千克，母鹅3.0~4.0千克，如我国的太湖鹅、五龙鹅、永康灰鹅、豁眼鹅、籽鹅等；中型品种鹅一般公鹅体重为5.1~6.5千克，母鹅4.4~5.5千克，如我国的浙东白鹅、皖西白鹅、溆浦鹅、四川白鹅、雁鹅、伊犁鹅等，德国的莱茵鹅、乌拉尔鹅等；大型品种一般公鹅体重为10~12千克，母鹅6~10千克，如我国的狮头鹅、法国的图卢兹鹅、朗德鹅等。

2. 按性成熟日龄分类

根据鹅的成熟日龄可分早熟型、中熟型和晚熟型。早熟型指开产期在130日龄左右的小型和部分中型鹅种；中熟型指开产期在150~180日龄的中型鹅种；晚熟型指开产期在200日龄以上的大型鹅种。

3. 按鹅的羽毛颜色分类

根据鹅的羽毛颜色分为白鹅和灰鹅两大类，以及极少量的浅黄色羽毛品种。在我国北方以白鹅为主，南方灰白品种均有，但白鹅多数带有灰斑，有的如溆浦鹅，同一品种中存在灰鹅、白鹅两系。我国常见的白羽鹅有四川白鹅、浙东由鹅、皖西白鹅、闽北白鹅、太湖鹅、豁鹅、籽鹅等，灰鹅有雁鹅、乌鬃鹅、阳江鹅、永康灰鹅、长乐灰鹅等。国外鹅品种以灰鹅占多数，有的品种如丽佳鹅，苗鹅呈灰色，长大后逐渐转白色。

4. 按产蛋量多少分类

不同品种鹅的产蛋性能差异很大，高产品种年产蛋高达150枚，甚至200枚，如豁鹅；中产品种，年产蛋60~80枚，如太湖鹅、雁鹅、四川白鹅等；低产品种，年产蛋25~40枚，如我国的狮头鹅、浙东白鹅等，法国的图卢兹鹅、朗德鹅等。

5. 按经济用途分类

鹅均属于肉用。随着人们对鹅产品的需要不同，在养鹅生产中出现了一些优秀的专用品种。如用于肥肝生产的专用品种，国内有广东的狮头鹅、湖南的溆浦鹅等；国外有法国的图卢兹鹅、朗德鹅、玛瑟布鹅，匈牙利的玛加尔鹅等。

（二）鹅的主要品种

1. 中国鹅种

我国养鹅历史悠久，饲养量大，分布广，而且品种资源丰富。现代我国的鹅品种分为2个品种类型，绝大多数的是中国鹅（分为许多品变种）和产于新疆的伊犁鹅。中国鹅是世界最著名的鹅种之一，也是欧亚大陆的主要鹅种，曾被引至许多国家饲养，并用于改良当地品种，国外不少著名鹅种均含有中国鹅的血统。中国鹅以其对各种自然条件的广泛适应性和对各种低劣饲料的耐粗饲性，更以其高产蛋率而著称。现在我国饲养的鹅种绝大多数属于中国鹅。中国鹅在漫长的品种形成和普及过程中，由于各地的自然条件和人们进行选择的目标不同。在中国鹅的品种内逐渐形成许多优良的品变种或品种群，逐步形成若干优秀地方良种，丰富了我国鹅的品种资源。经调查，现有地方良种20余个，被正式列入《中国家禽品种志》的就有12个，对此有记载的书还包括《中国家禽地方品种资源图谱》等。这些经过普查和记载下来的地方品种鹅既有中国鹅的典型特征，又有各自独特的优良性状，在生产中通常将这些中国鹅按体型分为大、中、小3种类型，按羽色分为白鹅和灰鹅两种。

现将一些具有代表性的中国鹅地方品种介绍如下。

（1）小型鹅 主要有豁眼鹅、太湖鹅、乌鬃鹅、籽鹅、永康灰鹅、长乐灰鹅、阳江鹅等品种。

①豁眼鹅。由于上眼睑边缘后上方有豁口而称为豁眼鹅（图1-1），原产于山东省莱阳地区，在辽宁昌图饲养最多，故又称昌图豁鹅，或者称五龙鹅、疤拉眼鹅，具有产蛋多、生长快、肉质好、耐粗饲等特点。产蛋量是世界上最高的。

图1-1 豁眼鹅（左雄 右雌）

体型较小，头较小，成年鹅头顶部肉瘤明显，呈橘黄色，眼大小中等，呈三角形，虹彩为蓝灰色，在眼睑后上方有自然豁口是其独特特征。喙扁平，橘黄色。颈细长，向前呈弓形。背宽广平直，挺拔健壮。两腿健壮有力，跖蹼均为橘黄色。成年公鹅体型略大，有好斗性，叫声高而洪亮。母鹅体型略小，性情温驯，叫声低而清脆，腹部有少量不太明显的皱褶，俗称"蛋包"。山东原产区的鹅颈较细长，腹部紧凑，有腹褶者占少数，颌下有咽袋者亦占少数；东北三省的鹅多有咽袋和较深的腹褶。

公鹅体重4~5千克，母鹅体重3.5~4千克。豁眼鹅生长速度快，

5月龄达体重最高点。豁眼鹅成熟较早，出壳后6~7月龄开始产蛋。集约饲养条件下每年产蛋120枚左右，个体高的可达160枚，粗放饲料条件下年产蛋100枚左右。蛋平均重118克，具有年产蛋重达12~13千克的优良性能。蛋壳白色，蛋形椭圆。豁眼鹅全身白毛，羽绒质量较佳，含绒量为30%。活鹅拔毛蓬松度好，不含杂毛，飞丝少，深受羽绒加工商欢迎。

② 太湖鹅（图1-2）。世界著名的一个小型高产品种，原产于长江三角洲的太湖地区，目前已推广到全国许多省（自治区、直辖市），具有体型小、宜牧、早熟、产蛋多、抱性消失等特征。

图1-2　太湖鹅（左雄　右雌）

身体细致紧凑，全身羽毛紧贴，无咽袋。公鹅肉瘤大、圆而光滑，颈长，呈弓形；母鹅肉瘤小，胫、蹼均橘红色，但喙短色浅。爪白色，肉瘤姜黄色，眼睑淡黄色，虹彩灰蓝色。公母鹅全身羽毛洁白，少数个体在眼梢、头顶、腰背部有少量灰褐色斑点。雏鹅的绒毛乳黄色，喙、跖、蹼橘红色。

觅食能力很强，早熟，成活率高，饲料报酬高，但早期生长性能较差。成年鹅公母鹅平均体重分别为4.33千克和3.23千克。每只母鹅产蛋最高可达123个，平均产蛋60个。蛋重约135克，蛋壳乳白色。太湖鹅繁殖率强，每一母鹅可提供45羽仔鹅，但是抱性弱，羽绒洁白，轻软，弹性好。每只鹅可产羽绒200~250克。

③ 乌鬃鹅（图1-3）。是灰色小型鹅种，原产于广东清远市，因

其颈背部有 1 条由大渐小的深褐色鬃状羽毛带，故又称清远乌鬃鹅。邻近的花县、佛冈、从化、英德等县亦有分布。其特点是早熟性好，肉质优良，觅食能力强，母鹅抱性强，但产蛋少。

图 1-3 乌鬃鹅（左雄 右雌）

乌鬃鹅体型紧凑，体躯宽短，背平，头小，颈细，腿矮。公鹅体型呈榄核型，肉瘤发达，雄性特征明显；母鹅呈楔形。乌鬃鹅的羽毛大部分呈乌棕色，从头顶部到最后颈椎，有 1 条鬃状黑褐色羽毛带，这是该鹅种独特特征；胸羽灰白色；翼羽、肩羽和背羽末端有明显的棕褐色镶边，故俯视呈乌棕色；腹尾的羽绒白色；尾羽灰黑色，呈扇形，稍向上翘起。在背部两边，有 1 条起自肩部直至尾根的 2 厘米宽的内色羽毛带。青年鹅的各部羽毛颜色比成年鹅较深。眼大适中，虹彩棕色。喙、肉瘤、胫、蹼均为黑色。

成年公母鹅体重分别为 3.5 千克和 2.9 千克。平均年产蛋量为 29.6 个，好的鹅场达 34.6 个。平均蛋重为 144.5 克，蛋壳浅褐色。乌鬃鹅的交配能力强，一只强健公鹅在配种季节 1 天可交配 15 次之多。种蛋平均受精率为 87.7%，受精蛋孵化率为 92.5%，雏鹅成活率为 84.9%。产区群众绝大多数采取母鹅天然孵化，受精蛋平均孵化率为 99.5%。母鹅的抱性很强，每产完 1 期蛋就巢 1 次，每年就巢达 4~5 次。

④ 籽鹅（图1-4）。属小型鹅种。中心产区集中于黑龙江绥化市和松花江地区，全省各地均有分布。因产蛋多，群众称其为籽鹅，具有耐寒、耐粗饲和产蛋能力强特点。

图1-4　籽鹅（左雄　右雌）

体型较小，紧凑，略呈长圆形。羽毛白色，一般头顶有缨叫顶心毛，颈细长，肉瘤较小，颌下偶有较小的咽袋。喙、胫、蹼皆为橙黄色，虹彩为蓝灰色。腹部一般不下垂。额下垂皮较小。白色羽毛。

成年公鹅体重4.0~4.5千克，母鹅3.0~3.5千克。母鹅一般年产蛋在100~180个，蛋重114~153克，平均131.1克。蛋壳白色。籽鹅春季受精率尤高，在90%以上，受精蛋孵化率均在90%~98%。

⑤ 永康灰鹅（图1-5）。属于灰鹅小型种。原产于浙江永康县及部分毗邻地区，具有成熟早，肥育快，肥肝性能优良特点，是我国产鹅肥肝较好的鹅种之一。

公鹅颈长而粗，肉瘤较大，前躯较发达；母鹅颈略细长，后躯较发达，肉瘤较小。上部羽毛颜色较下部深，颈部两侧和前胸部为灰白色，腹部为白色，尾部上灰白，俗称"乌云盖雪"。喙、肉瘤均为黑色，胫、蹼均为橘红色，皮肤淡黄色。

成年公母鹅体重分别为4.18千克和3.73千克，60~70日龄仔鹅的半净膛率为82.36%，全净膛率为61.81%，母鹅年产蛋40~60个。蛋重100~200克，平均为145.4克。种鹅每产蛋1个，交配1次。就

图 1-5　永康灰鹅（左雄　右雌）

巢性强，每期产蛋结束即就巢，抱孵蛋数以 10~15 个为宜。肥肝重最大达 1 137 克，平均重 487.26 克，肝料比为 1∶40.12。

⑥ 长乐灰鹅（图 1-6）。属小型鹅种。长乐灰鹅是福建省的优良地方鹅种，原产于福建省长乐县，经长期选育，适于海滨放牧的优良鹅种，具有节省精料、生长快、出肉多、肥肝性能较好、成本低、周转快、饲养粗放特点。

图 1-6　长乐灰鹅（左雄　右雌）

成年鹅羽毛灰褐色，纯白色的很少。灰褐色羽的成年鹅，从头部至颈部的背面，有 1 条深褐色的羽带，与背、尾部的褐色羽区相连接；颈部内侧至胸、腹部呈灰白色或肉色，有的在颈、胸、肩交界处有白色环状羽带。喙黑色或黄色，嘴边有梳齿状缺刻，嘴下无垂皮。肉瘤黑色或黄色带黑斑。皮肤黄色或白色。胫、蹼黄色。眼大，虹彩褐色（颈、肩、胸交界处有白色羽环者，虹彩天蓝色）。公鹅肉瘤大，稍带棱脊形，母鹅肉瘤较小而扁平，两者有明显区别。

成年公鹅体重为 3.3~5.5 千克，母鹅 3.0~5.0 千克。平均年产蛋量 30~40 个，蛋重 104.8~186 克，平均蛋重 153 克。蛋壳白色。公母配种比例为 1:6，种蛋受精率可在 80% 以上，育雏成活率为 80%~90%。抱性较强，每产完 1 窝蛋，即就巢 1 次，长乐灰鹅的肝相对较重，若经填肥 23 天，肥肝平均重可达 220 克，最大肥肝 503 克。

⑦ 阳江鹅（图 1-7）。是性成熟最快的小型品种。中心产区位于广东省湛江地区阳江市。分布于邻近的阳春、电白、恩平、台山等县市，在江门、韶关、海南、湛江乃至广西也有分布。

图 1-7　阳江鹅（左雄　右雌）

体型中等、行动敏捷。母鹅头细颈长，躯干略似瓦筒形，性情温顺。公鹅头大，颈粗，多数为白色，少数为浅绿色。躯干略呈船底形，雄性明显。从头部经颈向后延伸至背部，有一条宽 1.5~2 厘米的深色毛带，故又叫黄鬃鹅。在胸部、背部、翼尾和两小腿外侧为灰色毛，毛边缘都有宽 0.1 厘米的白色银边羽。从两侧到尾椎，有一条像葫芦形的灰色毛带。除上述部位外，均为白色羽毛。在鹅群中，灰色羽毛又分黑灰、黄灰、白灰等几种。喙、肉瘤为黑色，胫、蹼为黄色、黄褐色或黑灰色。

成年公鹅体重 4.2~4.5 千克，母鹅 3.6~3.9 千克。70~80 日龄仔鹅体重 3.0~3.5 千克。

（2）中型鹅　主要有伊犁鹅、皖西白鹅、闽北白鹅、四川白鹅、浙东白鹅、溆浦鹅、雁鹅、扬州鹅等品种。

① 伊犁鹅（图 1-8）。属于中型品种，主要产于新疆伊犁哈萨克自治州以及博尔塔拉蒙古自治州一带，又称塔城飞鹅、雁鹅。具有耐粗饲，宜放牧，能短距离飞翔，耐严寒等特点，是我国唯一从灰雁驯化而来的鹅种，但生产性能不高。

图 1-8　伊犁鹅（左雄　右雌）

体型中等。头上平顶，无肉瘤突起。颌下无咽袋。颈较短。胸宽广而突出，体躯是扁平椭圆形。体型与灰雁非常相似，腿粗短，颈尾较长。雏鹅上体黄褐色，两侧黄色，腹下淡黄色。眼灰黑色。喙黄褐色，喙豆乳白色。胫、趾、蹼橘红色。成年鹅喙象牙色，胫、趾、蹼肉红色，虹彩蓝灰色。依据全身羽毛颜色可分为灰鹅、花鹅（灰白相间）、白鹅 3 种。

成年公鹅的体重为 4.29 千克，母鹅为 3.53 千克。年产蛋量，第 1~2 年 10 个左右，第 3~6 年 15 个左右。平均蛋重 150 克。蛋壳白色。受精率 83.1% 以上；受精蛋孵化率 81.9%。就巢性每年 1 次，少数有 2 次。每只鹅可以产绒 240 克。

② 皖西白鹅（图 1-9）。属于中型鹅种，产于安徽省西部丘陵山区和河南省固始一带。皖西白鹅该品种形成历史较早，在明代嘉靖年间即有文字记载，距今已有 400 余年历史。具有早期生长快、耗料少、肉质好、羽绒品质优良等特点，但产蛋量较少。

图 1-9 皖西白鹅（左雄 右雌）

体态高昂，细致紧凑，全身羽毛白色，颈长呈弓形。肉瘤橘黄色，圆而光滑无皱褶。喙呈橘黄色，喙端色较浅。虹彩灰蓝色。胫、蹼呈橘红色。少数鹅的颌下有咽袋。公鹅 肉瘤大而突出，颈粗长有力；母鹅颈较细短，腹部轻微下垂。少数个体头顶后部生有顶心毛。

成年皖西白鹅的体重公母分别为 5.12 千克和 5.56 千克。较粗放的饲养条件下，一般母鹅年产 2 期蛋，孵两窝雏鹅，年产蛋量为 25 个左右。蛋壳白色，平均蛋重为 142 克。皖西白鹅繁殖季节性强，时间集中在 3、5 月，种蛋受精率平均达 88.7%。由于采用自然孵化，一般孵化率较高，受精蛋孵化率达 91.1%，母鹅抱性很强，一般每产 1 期蛋，就巢 1 次。

③ 闽北白鹅（图1-10）。中型品种，中心产区位于福建省北部的松溪、政和等县市，以及周边县市。具有生长快、产肉率高、耐粗饲能力强的特点。

图1-10　闽北白鹅（左雄　右雌）

全身羽毛洁白，喙、胫、蹼均为橘黄色，皮肤为肉色，虹彩灰蓝色。公鹅头顶有明显突起的冠状皮瘤，颈长胸宽，鸣声洪亮。母鹅臀部宽大丰满，性情温驯。雏鹅绒毛为黄色或黄中透绿。

成年公鹅体重4.0千克以上，母鹅3.0~4.0千克。在较好的饲养条件下，100日龄仔鹅体重可达4千克左右，肉质好。母鹅年平均产蛋30~40个。平均蛋重150克以上，蛋壳白色。种蛋受精率为85%以上，受精蛋孵化率80%。母鹅有抱性。每只平均产羽绒349克，其中纯绒40~50克。

④ 四川白鹅（图1-11）。属于中型鹅种，产于四川省温江、乐山、宜宾、永川和达县等地。无抱性，产蛋量较高，肉仔鹅生长速度快，适应性强，耐粗饲，在恶劣的自然环境条件下也能较好地生存下去，且肉质较好，有较好的产羽绒性能等特点。该鹅放牧饲养90天左右即可提供肥嫩的仔鹅上市，并可获得优质白色羽绒出口。

四川白鹅全身羽毛洁白、紧密，公鹅体躯稍大，颈粗，体躯稍长，额部有1个半圆形肉瘤。母鹅体较小，头部清秀，颈细长，肉瘤不明显。喙、胫、蹼等均为橘红色，虹彩蓝灰色。

图1-11　四川白鹅（左雄　右雌）

成年公母鹅的平均体重分别为5.00千克和4.9千克。母鹅年产蛋量可达60~80个，蛋壳白色，蛋重平均为146.28克。种蛋受精率为85%以上，受精蛋孵化率在84%左右。母鹅无抱性。每只产毛绒157.4克。经填肥，肥肝平均重344克，最大520克。

⑤ 浙东白鹅（图1-12）。属优良肉用中型鹅种。主要产于浙江东部的奉化、象山、定海等县，分布于临近县市。具有生长快、肉质好、耐粗饲的特点外，较好的产羽绒、产肥肝性能特点。

图1-12　浙东白鹅（左雄　右雌）

体型中等大小，体躯长方形。全身羽毛洁白，部分头部和背侧杂有少量斑点状灰褐色羽毛。额上方肉瘤成半球形高突，并随年龄增长突起明显。颔下无咽袋。颈细长。喙、胫、蹼幼年时橘黄色，成年后变橘红色，爪玉白色，肉瘤颜色较喙色略浅，眼睑金黄色，虹彩灰蓝色。成年公鹅身材高大，肉瘤高突。成年母鹅肉瘤较低，性情温顺，腹部宽大下垂。

成年公母鹅的体重分别为 5.04 千克和 3.99 千克。母鹅年产蛋 40 个左右，平均蛋重为 149 克。蛋壳白色。种蛋受精率为 90% 左右，孵化率达 90% 左右。浙东白鹅一般都有抱性，每年 3~4 次，通常在产完 1 期蛋后即开始就巢。年产绒 125~400 克，平均 213 克。经填肥后，肥肝平均重 392 克，最大肥肝 600 克。

⑥ 溆浦鹅（图 1–13）。属于中型鹅种，被公认为具有生产特级

图1–13　溆浦鹅（左雄　右雌）

肥肝潜力的优良肝用鹅种，也是优良的肉用品种。原产于湖南省沅水支流的溆水两岸，中心产区在溆浦县近郊，邻近市县均有分布。具有体型大、前期生长快、耗料少、觅食力强、适应性强、肥肝生产性能好、产羽绒性能好，但产蛋量较少特点。

成年鹅体型高大，体躯稍长，呈圆柱形。公鹅头颈高昂，护群性强；母鹅体型稍小，性温驯，觅食力强，产蛋期间后躯丰满且呈蛋圆形。腹部下垂，有腹褶。部分个体头上有顶心毛。羽毛颜色主要有白、灰2种，以白色居多。灰鹅背、尾、颈部为灰褐色，腹部白色。眼睑黄色，虹彩灰蓝色。胫、蹼都呈橘红色，喙黑色。肉瘤突起，表面光滑，呈灰黑色。白鹅全身羽毛白色，喙、肉瘤、胫、蹼都呈橘黄色。皮肤浅黄色。眼睑黄色，虹彩灰蓝色。

成年溆浦鹅公母体重分别为6~6.5千克和5~6千克。母鹅年产蛋30个左右，平均蛋重为212.5克（秋蛋较小，冬春蛋大）。蛋壳多数呈白色，少数淡青色。种蛋受精率为97.4%，受精蛋孵化率为93.5%。溆浦鹅有较强的抱性，一般每年发生2~4次，多的达5次。具有良好的产肥肝性能，肥肝品质好，经填肥后平均肝重488.7克，最大重量达929克。

⑦ 雁鹅（图1-14）。属于中型灰鹅种。原产于安徽省六安市，江苏西南部、东北三省亦有分布。具有适应性强，耐粗饲，抗病力强，生长较快，肉用性能较好，四季均可产蛋抱窝，但产蛋较少等特

图1-14 雁鹅（左雄 右雌）

点。由于市场对灰色鹅毛需求量较少，再加上雁鹅的繁殖率较低，因而造成雁鹅的饲养量逐年减少，种质退化严重。为此，雁鹅已被农业部列为重点保护的地方品种。

体型较大，体质结实，全身羽毛紧贴。头部圆形略方，大小适中。头上有黑色肉瘤，质地柔软，呈桃形或半球形向上方突出。眼球黑色，大而灵活。虹彩灰蓝色。喙扁阔，黑色。个别鹅颈下有小咽袋。颈细长，胸深广，背宽平，腹下有皱褶。腿粗短，胫、蹼多数呈橘黄色，个别有1块黑斑，爪黑色。皮肤多数黄白色。公鹅体型较母鹅高大、粗壮，头部肉瘤大而突出。成年鹅羽毛呈灰褐色和深褐色。颈的背侧有1条明显的灰褐色羽带。体躯的羽毛，从上往下颜色由深渐浅，至腹部成为灰白色或白色。除腹部白色羽毛外，背、翼、肩及腿羽皆为镶边羽，即灰褐色羽镶白边，排列整齐。肉瘤的边缘和喙的基部大部分有半圈白羽。雏鹅全身羽绒呈墨绿色或棕褐色，喙、胫、蹼均呈灰黑色。

公母成年雁鹅的体重分别约为6.0千克和4.8千克，母鹅年产蛋量为25~35个。平均蛋重为150克，蛋壳白色。种蛋受精率为86%以上，受精蛋孵化率为70%~80%。母鹅抱性较强，一般每年就巢2~3次，就巢率达83%。

⑧ 扬州鹅（图1-15）。由扬州大学培育的"扬州鹅"，被誉为我国第一个新鹅种。属于中型鹅种。具有耐粗饲，觅食和抗病能力强，适宜舍饲、放牧或舍放结合饲养方式，早期生长快，肉味鲜美，种鹅产蛋多，繁殖率高等特点。

头中等大小，高昂，前额有半球性肉瘤，瘤明显，呈橘黄色，颈粗细及长短适中，体躯方圆，紧凑，羽毛皓白，绒质较好，1%~3%的鹅眼梢或头顶或腰背部有少量灰褐色羽毛，喙、胫、蹼橘黄色（略淡），眼睑淡黄色，虹彩灰蓝色。公鹅比母鹅体形略大，公鹅雄壮，母鹅清秀。雏鹅全身乳黄色，脚、喙、胫、橘黄色。

种鹅60周龄入舍母鹅平均产蛋59.6枚，平均蛋重140.0克，产蛋期成活率达96.0%；68周龄入舍母鹅平均产蛋72.8枚，平均蛋重达141.0克，产蛋期成活率达95.3%；蛋形指数达1.47。繁殖性能好，种蛋受精率达92.1%，出雏率达87.18%。

图1-15　扬州鹅（左雄　右雌）

（3）大型鹅　主要有狮头鹅。

狮头鹅（图1-16）是我国唯一大型优质鹅种。原产于广东省饶平县溪楼村，主要产区在澄海县和汕头市郊。具有体型大，生长快，肥肝生产性能好，饲料利用率高等特点。

体躯呈方形。头大颈粗，前躯高，头部前额肉瘤发达，向前突出，肉瘤黑色，额下咽袋发达，一直延伸到颈部。因额部肉瘤发达，几乎覆盖于喙上，加上两颊又有黑色肉瘤1~2对，酷似狮头，故名狮头鹅。公鹅和2岁以上母鹅的头部肉瘤特征更为显著。全身背面羽毛、前胸羽毛及翼羽均为棕褐色。腹面的羽毛白色或灰白色。胫粗，蹼宽，胫、蹼都为橙红色，有黑斑。皮肤米黄色或乳白色。体内侧有似袋状的皮肤皱褶。

成年公鹅体重可达10千克以上，个别达15千克，平均为8.5千克；母鹅体重可达9千克以上，个别达13千克，平均为7.86千克。母鹅年产蛋年产24~28枚，蛋重为176.3~217.2克，壳乳白色。1岁母鹅产蛋的受精率为69%，受精蛋孵化率为87%。2岁以上母鹅产蛋的受精率为79.2%，受精蛋孵化率为90%。母鹅抱性强，每产完1

期蛋，就巢 1 次；约 5% 的母鹅无抱性或抱性很弱。狮头鹅生产肥肝的能力是我国鹅种中最强的，是重要的肥肝型品种。经填饲育肥后，平均肝重可达 960 克，最高可达 1 400 克，平均 538 克。

图 1-16　狮头鹅

2. 国外鹅种

外国鹅品种的体型区分与中国鹅不同，成年鹅的体重标准要大。

（1）中型鹅的品种　主要有朗德鹅、莱茵鹅等品种。

① 朗德鹅（图 1-17）。又称西南灰鹅，世界著名肥肝型鹅种。原产法国西南部的朗德省，是当前法国生产鹅肥肝的主要品种。目前我国吉林省、山东省和江苏省有分布。具有生长速度快、产肥肝性能强、产绒量大等特点。

图 1-17　朗德鹅

体型中等偏大，成年鹅羽毛灰褐色，颈背部近黑色，胸腹部毛色较淡，呈银灰色，至腹下部则为白色，也有部分白羽个体或灰白色个体。一般情况下，灰羽的羽毛较松，白羽的羽毛紧贴，颈羽卷曲，喙呈橘黄色，胫、蹼为肉色，无肉瘤。

成年公鹅体重 7~8 千克，母鹅 6~7 千克。年产蛋量 35~40 枚，经选育可达到 50~60 枚。平均蛋重 180~200 克。母鹅抱性弱，公鹅配种能力差，种蛋受精率不高，仅 65% 左右。朗德鹅对人工拔毛耐受性强，羽绒产量在每年拔毛 2 次的情况下，可达 350~450 克。肉用仔鹅经填肥后，活重达到 10~11 千克，肥肝重达 700~800 克。

② 莱茵鹅（图 1-18）。世界著名肉用型和肥肝型鹅品种。原产德国莱茵河流域，在欧洲大陆均有分布。是欧洲各鹅种中产蛋量较高的品种。具有适应性强、食谱广、耐粗饲、能适应大群舍饲、成熟期较早等特点。

图 1-18　莱茵鹅

体型中等偏小。初生雏背羽为灰褐色，2~6 周龄逐渐变白色，成年时体羽洁白。喙、胫、蹼均呈橘黄色。头部无肉瘤，颈粗短。

成年公鹅体重 5~6 千克，母鹅 4.5~5 千克。母鹅年产蛋量 50~60 个，蛋重 150~190 克。受精率 74.9%，孵化率 80%~85%。莱茵鹅生产肥肝性能中等，一般填饲条件下肥肝重350~400克。法国产莱茵鹅肝重276克，匈牙利产莱茵鹅肝重350~400克。

（2）大型鹅品种　主要有非洲鹅、埃姆登鹅、图卢兹鹅等品种。

① 非洲鹅（图1-19）。是法国鹅和中国鹅杂交的品种，主要分布在南美洲和非洲的部分地区，是具有很强的守护领地意识的大型肉用鹅品种。

图1-19　非洲鹅

常见主要有两种，即灰色非洲鹅和白色非洲鹅。灰色非洲鹅，头浅褐色，头瘤及喙为黑色，眼睛呈深褐色，身体背部、翅膀为灰褐色，颈、胸和体下部为浅灰褐色，最显著的是从头冠直至颈背的1条深褐色纹彩线条。成年鹅的褐色头冠与黑色的喙及头瘤之间有1道窄的白色羽带将其分隔开，双腿与蹼的颜色呈深橘红色到浅橘红色。白色非洲鹅，全身披白羽，喙、头瘤呈橘红色，脚胫及蹼则为浅橘红色，群体数量较少，表型尚未完全一致，而且体型比灰色非洲鹅略小。

非洲鹅体型粗壮，体躯长、深而宽。站立时身体姿势与地面成30°～40°者为优秀。颈部厚壮，喙坚硬。成年个体前额有1个向前突出的头瘤，下腭及颈上部有1个光滑呈新月形的颈垂悬挂着。随着年龄增加颈垂逐渐伸长。双眼大而深陷，理想的体型其体躯底线平，龙骨不外凸，腹部丰满而不松垂。尾上翘，包褶紧凑。体型虽大但体脂肪是大型鹅中最少的。繁殖年限长。非洲鹅很耐寒。

成年公母鹅体重分别为 9.08 千克和 8.17 千克，肉用仔鹅公母体重分别为 7.50 千克和 6.35 千克。年平均产蛋量 20~45 个。公母配比 1：（2~60）。

② 埃姆登鹅（图 1–20）。是古老的大型鹅种。原产于德国的埃姆登城附近，目前在北美地区的商品化饲养场饲养埃姆登鹅的数量比其他品种鹅总和还要多。我国台湾省已引种。具有耐粗饲，成熟早，体型大，早期生年快，肥育性能好，肉质佳等特点。

图 1–20　埃姆登鹅

成年鹅头大呈椭圆形，颈长略呈弓形，背宽阔，体长。胸部光滑看不到龙骨突出，腹部有 1 双皱褶下垂。尾部较背线稍高，站立时身体姿势与地面成 30°~40° 角。凡是头小，颈下有重褶，颈短，落翅，龙骨显露者不合格。喙、胫、蹼呈橘红色，喙粗短，眼睛为蓝色。

成年鹅体重，公鹅 9~15 千克，平均为 11.80 千克；母鹅 8~10 千克，平均为 9.08 千克。母鹅年平均产蛋量 35~40 个，蛋重 160~200 克，蛋壳坚厚，呈白色。母鹅抱性强。埃姆登鹅的羽绒洁白丰厚，活体拔毛，羽绒产量高。

③ 图卢兹鹅（图 1–21）。是世界上体型最大的鹅种，肉用和肥肝用品种。又称茜蒙鹅、土鲁斯鹅，原产于法国南部的图卢兹市郊区，主要分布于法国西南部，后传入英国、美国等欧美国家。是法国生产鹅肥肝的传统专用品种。具有生长快、产肉多、肥肝速度快等特点。

体型大，羽毛丰满，头大，喙尖，颈粗，中等长度，体躯呈水平状态，胸部宽深，腿短而粗。颌下有皮肤下垂形成的咽袋，腹下有腹褶，咽袋与腹褶均发达。羽毛灰色，着生蓬松，头部灰色，颈背深灰，胸部浅灰，腹部白色。翼部羽深灰色带浅色镶边，尾羽灰内色。喙橘黄色，胫、蹼橘红色。眼深褐色或红褐色。

图 1-21　图卢兹鹅

　　成年公鹅体重 12~14 千克，母鹅 9~10 千克。产肉多，但肌肉纤维较粗，肉质欠佳。母鹅年产蛋量 30~40 枚，平均蛋重 170~200 克，蛋壳呈乳白色。公鹅性欲较强，但受精率仅为 65%~75%。1 只母鹅 1 年只能繁殖 10 多只雏鹅，但抱性不强。该鹅易沉积脂肪，用于生产肥肝和鹅油，强制填肥每只鹅平均肥肝重可达 1 千克以上，一般为 1~1.3 千克，最大肥肝重达 1.8 千克。但肥肝质量较差，肥肝大而软，脂肪充满在肝细胞的间隙中，一经煮熟脂肪就流出来，肥肝也因之缩小，加上体格过于笨重，耗料多，受精率低，饲养成本很高，所以逐渐被朗德鹅取代。

五、鹅的品种选择

　　每一个品种由于适应性的差异，其生产性能在不同的地区有不同的表现，有的品种在某个地区表现的优良，在另一个地区可能表现得不那么优良。同时，消费习惯和市场销售等因素，也会影响到品种的选择。生产实际中要重视品种的选择。

（一）根据外貌与生理特征进行选种

　　鹅的外貌、体形结构和生理特征客观反映各部位生长发育和健康状况，从而进行鹅个体生产性能优劣的判断，这是鹅选种中通常采用的简单易行、快速的方法。

选择时首先要求种鹅的外貌符合本品种特征，如豁鹅，眼呈三角形，上眼睑边缘后上方豁口明显；溆浦鹅，头大肉瘤高，额顶有"缨毛"；狮头鹅的头顶、颊和喙均有大的肉瘤；其次要考虑种鹅的生理特征。

1. 公鹅品种的选择

公鹅要求体型大，体质健壮，躯体各部位发育匀称。阔脸大头，眼大且明亮有神；喙长而钝，颈粗长。胸宽且深，背直而宽，体型成长方型与地面近于水平，尾稍上翘。脚粗壮有力，胫长，两脚间距宽，蹼厚大，站立时身姿挺直，鸣声响亮，雄性特征显著。

2. 母鹅品种的选择

母鹅要求头部清秀，颈细长，眼大而明亮。胸饱满，腹深，体型长而圆，臀部宽且丰满，肛门大，两耻骨间距宽，末端柔软且较薄，耻骨与胸骨末端的间距宽阔。两脚结实，网脚间距宽，蹼大而厚。被毛紧密，两翼贴身。皮肤有弹性，胫、蹼和喙的色泽鲜明。行动灵活而敏捷，觅食力强，肥瘦适中。

此外，常有部分公鹅的阴茎发育不良或有缺陷，这会严重影响配种。因此，选留种公鹅还要检查阴茎的发育状况，选留长而粗，发育正常、伸缩自如、性欲旺盛、精液品质优良的公鹅。如用手挤压泄殖腔，阴茎很容易勃起伸出，阴茎伸出泄殖腔外面，长度3~4厘米，即为优良。

（二）根据生产性能记录资料选种

为更准确地评定种鹅的生产水平，育种场必须做好主要经济性状：产蛋力、产肉力、繁殖力3个方面记录（产肉力：要求体重大，生长速度快，肥育性能好，肉的品质好，饲料报酬高，屠宰效果好。产蛋力：要求开产日龄早，年产蛋量多，蛋的重量大。具体内容可按品种要求参阅相关资料。繁殖力：要求产蛋多，蛋的受精率高，孵化率和成活率高。通常由母鹅在规定产蛋期内提供的种蛋所孵出的健康雏鹅数来表示）。并根据这些资料进行更为有效的选种。对种鹅的选择可根据记录资料进行综合评定。

1. 根据系谱资料选种

这种选择方法适合尚无相关生产性能记录的雏鹅、育成鹅或公鹅。根据遗传学原理，血缘关系愈近的祖先对后代的影响愈大，因此，在运用系谱资料选择种鹅时，比较亲代和祖代的生产性能即可。此外，应以主要经济性状：产蛋力、产肉力和繁殖力3个方面为主做全面比较，同时也应注意有无近交和杂交情况，有无遗传缺陷等。

2. 根据同胞成绩或者后裔成绩选种

简单地说，这种方法依据与鹅具有血缘关系的同胞或者子一代的生产性能的优劣来决定该鹅存留。主要应用于公鹅。用该种公鹅具有血缘关系同胞的平均产蛋成绩来间接估计。因为它们在遗传结构上有一定的相似性，故生产性能与其全同胞或半同胞的平均成绩接近，通过后裔成绩选种是选择种鹅最可靠的方法，因为采用这种选择法选出的种鹅不仅可判断其本身是否为优良的个体，而且通过其后代的成绩可以判断它的优秀品质是否能够稳定地遗传给下一代。

六、鹅的品种引进

（一）引种原则

1. 生产性能高而稳定

鹅的品种多种多样，不同的品种有不同的特点、不同生产性能和不同的经济用途，其生产效果也有较大的差异，所以在选择品种时要充分考虑其生产用途和生产性能，同时要求各种性状能保持稳定和统一。再者，要根据不同的生产目的和自身养殖条件，有选择地引入品种。如从肉鹅生产角度出发，既要考虑其生长速度，提高出栏日龄和体重，尽可能增加肉鹅生产效益，又要考虑其产量，实现规模效益；同时，还应考虑肉质。如果是种用鹅场，选择品种不仅要考虑生长速度，还应考虑产蛋量（生长速度快、产肉率高的鹅种其产蛋量少，生产雏鹅数量少）。如果生产肥肝，则肉用性能佳、体型越大的鹅品种，肥肝平均重越大。

2. 能适应当地生产环境

优良的鹅种一般是在原产地经过长期适应培育的品种，当被引入到新的地区后，如果新地区的环境条件与原产地差异过大时，其优良生产性能不能充分表现。所以选择生命力强,成活率高,适应当地的气候及环境条件的品种。如南方从北方引种,是否适应湿热气候,北方从南方引种则是否能安全过冬等。

3. 与生产目的相符

鹅肉、肥肝、产蛋、羽绒等均具有各自不同的消费市场,因此根据市场需求确定养鹅的生产目的。引入品种的生产性能特性必须要与市场目的相符,与生产地的鹅产品消费习惯相符。如江南地区烧鹅、烤鹅等消费量大,要求提供的加工肉鹅生产期短、肉质嫩,应选择一些早期生长速度快的品种和一些大型品种。如果生产肥肝,则肉用性能佳、体型越大的鹅品种,肥肝平均重越大。此外,有些地区还有一些特殊的要求,如东北有的地区喜食鹅蛋,也有的对鹅的羽色、外形要求不同,如华南、港澳台地区及东南亚以灰鹅为主。而我国绝大部分省市消费市场,对白鹅比较喜爱,饲养的鹅品种多是白羽鹅种。

(二)鹅的引种方法

同一个品种来自不同的生产场家,其品质就有较大差异。引种过程中一些因素也会影响引种效果,所以选好品种后还要注意做好如下引种工作。

1. 遵循国家相关法律

鹅的引种分为国内引种与国外引种,由于不同地区之间的引种可能引发动物传染病、寄生虫病和植物危险性病虫杂草以及其他有害生物的传播,因此引种必须遵循国家相关法律。国内引种要按我国政府颁布的《种畜禽管理条例》、农业部颁布的《种畜禽生产经营许可证》管理办法、《中华人民共和国动物防疫法》执行。从国外的引种,要求必须根据国家质量监督检验检疫总局于 2002 年 7 月 1 日发布,并于 2002 年 9 月 1 日起施行的《进境动植物检疫审批管理办法》,以及 2015 年 11 月 25 日发布的关于修改《进境动植物检疫审批管理办法》的决定执行。

2. 制订合理引种计划,不要盲目引种

引种前,一要详细查阅引入品种的有关技术资料,对引入品种的生产性能、饲料营养要求要有足够的了解,如引入品种鹅的外貌特征、生产性能、饲养管理特点等。二要详细了解引种场的饲养管理情况。

3. 注意品种的适应性

选定的引进品种要能适应当地的气候及环境条件。每个品种都是在原产地特定的环境条件下形成的，对原产地有特殊的适应能力。引种最好选择在两地气候差别不大的季节进行以便引入个体逐渐适应气候的变化。从寒冷地带向热带地区引种，以秋季引种最好；而从热带地区向寒冷地区引种，则以春末夏初引种适宜；引种时，夏季尽量在傍晚或清晨凉爽时运输，冬春季节尽量安排在中午风和日丽的时候运输。尽量缩短运输时间，减少途中损失。

4. 引种渠道要正规

种鹅场的饲养管理情况直接影响到鹅种的内在品质和健康，从而影响到以后生产性能的表现和经营效果。从正规的种鹅场引种，要求种鹅场必须是国家畜牧兽医部门划定的非疫区，畜禽场内的兽医防疫制度必须健全完善，动物卫生行为操作规范，并且管理严格。在实际选择引种目标场家过程中，首先要查看该畜禽场的各种证件，包括《动物防疫合格证》《种畜禽生产经营许可证》等法定售种畜禽资格的证件证照等。而且引种种鹅场的生产水平要高，配套服务质量高，有较高的信誉度，才能确保鹅苗质量。

5. 注意运输条件，充分准备

首先，运输车辆必须严格清洗消毒并且大小合适，在车箱底部应垫上锯末或沙土等一些柔软防滑的垫料，且雏鹅要按合理密度装箱，以避免鹅苗在运输中颠簸碰撞而出现挤压和受伤。其次，必须事先做好准备工作如圈舍、饲养设备等要提前洗、消毒，备足饲料及常用药物，饲养人员应提前进行技术培训。此外，首次引入品种数量不宜过多，引入后要先进行 1~2 个生产周期的性能观察，确认引种效果良好时，再增加引种数量，扩大繁殖。

技能训练

鹅的品种识别。

【目的要求】通过该项训练，使学员能够根据活鹅展示、放映有关鹅的影视或图片，识别国内外著名的品种或当地饲养较多的品种。

【训练条件】提供鹅品种的活鹅、影视或图片等材料。

【操作方法】展示或放映体型外貌典型的狮头鹅、清远鹅、太湖鹅、豁眼鹅、朗德鹅、莱茵鹅、图卢兹鹅等，介绍其产地、类型、外貌特征和生产性能。

【考核标准】

1. 能根据活鹅、影视或图片准确地说出品种名称及原产地。

2. 能说出品种的经济用途及主要外貌特征。

思考与练习

1. 作为鹅饲养员，你觉得应该具备哪些职责与素质要求？

2. 鹅有哪些消化特点？

3. 如何按照鹅的生物学特性去科学管理鹅只？

4. 鹅有什么繁殖特点？

5. 如何进行鹅品种的选择？

6. 引进鹅的品种，应该遵循哪些基本原则？

第二章　鹅的饲料营养及饲料调配

知识目标

1. 了解鹅的营养需要。

2. 理解鹅常用饲料的特点和应用时的注意事项。

3. 了解鹅日粮配合的原则和方法。

4. 掌握鹅青绿饲料和牧草的切碎、粉碎、青贮、干制、打浆等调制方法。

技能要求

学会识别和选择优质饲料原料。

第一节　鹅的营养需要

鹅需要的营养物质，概括起来主要有蛋白质、碳水化合物、脂肪、无机盐、维生素和水。这些营养物质对于维持鹅的生命活动、生长发育、产蛋和产肉各有不同的重要作用。只有保证这些营养物质在数量、质量及比例上均能满足鹅的需要时，才能保持鹅体健康，充分发挥其生产潜力。

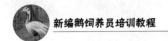

一、能量

能量对鹅具有重要的营养作用，鹅在一生中的全部生理过程（呼吸、血液循环、消化吸收、排泄、神经活动、体温调节、生殖和运动）都离不开能量，能量主要来源于饲料中的碳水化合物、脂肪和蛋白质等营养物质。饲料中各种营养物质的热能总值称为饲料总能。饲料中各种营养物质在鹅的消化道内不能被全部消化吸收，不能消化的物质随粪便排出，粪中也含有能量，食入饲料的总能量减去粪中的能量，才是被鹅消化吸收的能量，这种能量称为消化能。食物在肠道消化时还会产生以甲烷为主的气体，被吸收的养分有些也不被利用而从尿中排出体外，这些气体和尿中排出的能量未被鹅体利用，饲料消化能减去气体能和尿能，余者便是代谢能。在一般情况下，由于鹅的粪尿排出时混在一起，因而生产中只能去测定饲料的代谢能而不能直接测定其消化能，故鹅饲料中的能量都以代谢能（ME）来表示，其表示方法是兆焦/千克或千焦/千克。

鹅对能量的需要包括本身的代谢维持需要和生产需要。影响能量需要的因素很多，如环境温度、鹅的类型、品种、不同生长阶段及生理状况和生产水平等。日粮的能量值在一定范围，鹅每天的采食量多少可由日粮的能量值而定，所以饲料中不仅要有一个适宜的能量值，而且与其他营养物质比例要合理，使鹅摄入的能量与各营养素之间保持平衡，提高饲料的利用率和饲养效果。

鹅的能量来源是饲料，饲料中的碳水化合物、脂肪和蛋白质分解可以供给鹅需要的能量。碳水化合物可以分为无氮浸出物和粗纤维两类。无氮浸出物又称可溶性碳水化合物，包括淀粉和糖分，在谷实、块根、块茎中含量丰富，比较容易被消化吸收，营养价值较高，是鹅的热能和肥育的主要营养来源；粗纤维又称难溶性碳水化合物，其主要成分是纤维素、半纤维素和木质素，通常在秸秆和秕壳中含量最多，纤维素通过消化最后被分解成单糖（葡萄糖）供鹅吸收利用。粗纤维是较难消化吸收的，家禽日粮中粗纤维含量不能过高，否则，会加快食物通过消化道的速度，也严重影响其他营养物质的消化吸收。鹅与其他家禽相比，消化粗纤维能力较强，消化率可达45%~50%。

一般情况下，鹅的日粮中纤维素含量以 5%~8% 为宜，不宜高于10%。如果日粮中纤维素含量过低，不仅会影响鹅的胃肠蠕动，而会妨碍饲料中各种营养成分的消化吸收，甚至易发生啄癖，因而在成年鹅日粮中可适当配以粗糠、谷壳等含纤维较高的饲料。

脂肪和碳水化合物一样，在鹅体内分解后产生热量，用以维持体温和供给体内各器官活动时所需要的能量，其热能是碳水化合物或蛋白质的 2.25 倍。脂肪是体细胞的组成成分，是合成某些激素的原料，尤其是生殖激素大多需要胆固醇作原料，也是脂溶性维生素的携带者，脂溶性维生素 A、维生素 D、维生素 E、维生素 K 必须以脂肪做溶剂在体内运输。当日粮中脂肪不足时，会影响脂溶性维生素的吸收，导致生长迟缓，性成熟推迟，产蛋率下降。但日粮中脂肪过多，也会引起食欲不振，消化不良和下痢。由于一般饲料中都有一定数量的粗脂肪，而且碳水化合物也有一部分在体内转化为脂肪，因此一般不会缺乏，不必专门补充，否则鹅过肥会影响产蛋。但生产鹅肥肝时，必须搭配适量的脂肪。

蛋白质是鹅体能量的来源之一，当鹅日粮中的碳水化合物、脂肪的含量不能满足机体需要的热能时，体内的蛋白质可以分解氧化产生热能。但蛋白质供能不仅不经济，而且容易加重机体的代谢负担。

二、蛋白质

蛋白质是构成鹅体的基本物质，是鹅体内的一切组织和器官如肌肉、神经、皮肤、血液、内脏甚至骨骼以及各种产品如羽毛、皮等的主要成分，而且在鹅的生命活动中，各组织需要不断地利用蛋白质来增长、修补和更新。精子和卵子的生成需要蛋白质参与。新陈代谢过程中所需的酶、激素、色素和抗体等也都由蛋白质来构成。所以蛋白质是鹅体最重要的营养物质。饲料中蛋白质进入鹅的消化道，经过消化和各种酶的作用，将其分解成氨基酸之后被吸收，成为构成鹅体蛋白质的基础物质，因此蛋白质的营养实质上是氨基酸的营养。日粮中如果缺少蛋白质，会影响鹅的生长、生产和健康，甚至引起死亡。相反，日粮中蛋白质过多也是不利的，不仅造成浪费，而且会引起鹅体代谢紊乱，出现中毒等，所以饲粮中蛋白质含量必须适宜。

（一）氨基酸的种类

目前已知，蛋白质是由 20 多种氨基酸组成，氨基酸分为必需氨基酸与非必需氨基酸。所谓必需氨基酸，即在鹅体内不能合成或合成的速度及数量不能满足正常生长需要，必须由饲料供给的氨基酸。所谓非必需氨基酸，即在鹅体内合成较多，或需要量较少，无需由饲料供给也能保持鹅的正常生长者。鹅的必需氨基酸有赖氨酸、蛋氨酸、色氨酸、异亮氨酸、缬氨酸、苯丙氨酸、苏氨酸、亮氨酸、组氨酸、精氨酸和甘氨酸等。鹅最需要的是赖氨酸和蛋氨酸，饲料中适当添加赖氨酸和蛋氨酸能有效地提高饲料中蛋白质的利用率，故赖氨酸与蛋氨酸又称为蛋白质饲料的强化剂。

（二）氨基酸的有效性

氨基酸的含量常以氨基酸占饲粮或蛋白质的百分比表示。饲料中的氨基酸不仅种类、数量不同，其有效性也有很大的差异。有效性是指饲料中氨基酸被鹅体利用的程度，利用程度越高，有效性越好，现在一般使用可利用氨基酸来表示。可利用氨基酸（或可消化氨基酸、有效氨基酸）是指饲粮中可被动物消化吸收的氨基酸。不同的饲料原料，如用豆粕和杂粕，配成氨基酸含量完全相同的饲粮，其饲养效果会有较大的差异，这就是可利用氨基酸数量不同引起的结果。生产中如果能根据饲料的可利用氨基酸含量进行日粮配合，能够更好地满足鹅对氨基酸的需要。

（三）氨基酸的平衡性

氨基酸的平衡性是指构成蛋白质的氨基酸之间保持一定的比例关系。只有必需氨基酸数量足够，比例适当，蛋白质才能发挥最大的效用。如果某些必需氨基酸不足或不平衡，即使蛋白质比例很高，也达不到预期的饲养效果。因此，在配合日粮时，要采用多种蛋白质饲料搭配，使它们间的氨基酸互相弥补。如动物性蛋白质的氨基酸组成较完善，尤其是赖氨酸、蛋氨酸含量高。植物性蛋白质所含必需氨基酸种类少，蛋氨酸、赖氨酸含量很低，为了有效地利用蛋白质饲料，在配合日粮时一定要采用多种饲料搭配的方法，将动物性饲料与植物性饲料配合使用。另外，也可通过添加合成氨基酸以满足鹅的必需氨基酸需要。

三、矿物质

矿物质是构成骨骼、蛋壳、羽毛、血液等组织不可缺少的成分，对鹅的生长发育、生理功能及繁殖系统具有重要作用。鹅需要的矿物质元素有钙、磷、钠、钾、氯、镁、硫、铁、铜、钴、碘、锰、锌、硒等，其中前7种是常量元素（占体重0.01%以上），后7种是微量元素。饲料中矿物质元素含量过多或缺乏都可能产生不良的后果。

（一）钙、磷

钙、磷是鹅体内含量最多的元素，主要构成骨骼和蛋壳，此外还对维持神经、肌肉等正常生理活动起重要作用。如果缺乏，会导致鹅食欲减退，体质消瘦，雏鹅易患佝偻病，成鹅产蛋量减少，产软壳蛋，甚至无壳蛋。在配合日粮时，钙、磷不仅要数量充足，而且还要比例适当。一般生长鹅日粮的钙磷比例为（1~1.5）:1；产蛋种鹅为（5~6）:1。钙在一般谷物、糠麸中含量很少，而在贝粉、石粉、骨粉等矿物质饲料中含量丰富。磷的主要来源是矿物质饲料、糠麸、饼粕类和鱼粉。鹅对植酸磷的利用能力较低，为30%~50%，而对无机磷的利用能力高达100%。

（二）钠、钾、氯

钠、钾、氯三者对维持鹅体内酸碱平衡、细胞渗透压和调节体温起重要作用。如果缺乏钠、氯，可导致消化不良、食欲减退、啄肛啄羽等。食盐是钠、氯的主要来源，它还能改善饲料的适口性，摄入量过多，轻者饮水量增加，便稀，重者会导致鹅食盐中毒甚至死亡。钾缺乏时，肌肉弹性和收缩力降低，肠道膨胀。在热应激条件下，易发生低血钾症。

（三）镁、硫

镁是构成骨质必需的元素，酶的激活剂，有抑制神经兴奋性等功能。它与钙、磷和碳水化合物的代谢有密切关系。镁缺乏时，鹅肌肉痉挛，步态蹒跚，神经过敏，生长受阻，种鹅产蛋量下降，神经过敏，易惊厥，出现神经性震颤。但过多会扰乱钙磷平衡，导致下痢。硫主要存在于鹅体蛋白、羽毛及蛋内。羽毛中含硫2%，缺乏时，表现为食欲降低，体弱脱羽，多泪，生长缓慢，产蛋减少。动物体内硫约占 0.51%，大部分呈有机硫状态，以含硫氨基酸的形式存在于蛋白质中，以角蛋白的形式构成鹅的羽毛、爪、喙、跖、蹼的主要成分。鹅的羽毛中含硫量高达 2.3%~2.4%。硫参与碳水化合物代谢。当日粮中含硫氨基酸不足时，易引起啄羽病。因家禽能较好地利用含硫氨基酸中的有机硫，在日粮中搭配 1%~2.5% 的羽毛粉对预防啄羽病有良好效果。

（四）铁、铜、钴

铁、铜、钴三者参与血红蛋白的形成和体内代谢，并在体内起协同作用，缺一不可，否则就会产生营养性贫血。铁是血红素、肌红素的组成成分，缺铁时鹅食欲不振，生长不良，羽毛生长不良，雏禽红细胞血红蛋白过少，导致缺铁性贫血。以放牧为主的鹅，能采食到含铁较多的青绿饲料，一般不会缺铁。舍饲鹅或不放牧青饲料季节的鹅，日粮中应补铁。但过量的铁具有毒性，当每千克日粮中含铁达到 5 克时，就会中毒。日粮中含铁量过多时，可引起营养障碍，降低磷的吸收率，体重下降，还可使鹅出现佝偻病。铜参加血红蛋白的合成及某些氧化酶的合成和激活。雏鹅缺铜时可发生贫血，生长缓慢，羽毛褪色，生长异常，胃肠机能障碍，骨骼发育异常，跛行，骨脆易断，骨端软组织粗大等。但日粮中铜过多也可引起雏鹅生长受阻，肌肉营养障碍，肌胃糜烂，甚至死亡。钴是维生素 B_{12} 的成分之一。

（五）锰、碘、锌、硒

锰是多种酶的激活剂，与碳水化合物和脂肪的代谢有关。锰是骨骼生长和繁殖所必需的。缺锰时，雏鹅的跗关节明显肿大、畸形，腿骨粗短，母鹅产蛋量减少，孵化率降低，薄壳蛋和软壳蛋增加。但摄入量过多，会影响钙、磷的利用率，引起贫血。碘是构成甲状腺必需的元素，对营养物质代谢起调节作用。缺乏时，会导致鹅甲状腺肿大，代谢机能降低。锌是鹅生长发育必需的元素之一，它能加速二氧化碳排出体外，促进胃酸、骨骼、蛋壳的形成，增强维生素的作用，提高机体对蛋白质、糖和脂肪的吸收，对鹅的生长发育、寿命的延长以及繁殖性能有很大影响。缺锌时，雏鹅食欲不振，体重减轻，羽毛生长不良，毛质松脆，胫骨粗短，表面皮肤粗糙并起鳞片，母鹅产蛋量减少，胚胎发育不良，雏鹅残次率增加。硒与维生素 E 相互协调，可减少维生素 E 的用量，是蛋氨酸转化为胱氨酸所必需的元素。能保护细胞膜的完整，还对心肌起保护作用。缺乏时，雏鹅皮下出现大块水肿，积聚血样液体，心包积水及患脑软化症。

四、维生素

维生素是一组化学结构不同，营养作用、生理功能各异的低分子有机化合物，蛋鹅对其需要量虽然很少，但生物作用很大，主要以辅酶和催化剂的形式广泛参与体内代谢的多种化学作用，从而保证机体组织器官的细胞结构功能正常，调控物质代谢，以维持鹅体健康和各种生产活动。缺乏时，可影响正常的代谢，出现代谢紊乱，危害鹅体健康和正常生产。过去散养条件下，鹅可以采食到各种饲料，特别是青绿饲料，加之生产性能较低，一般较少出现维生素缺乏。而在集约化、高密度饲养条件下，鹅的生产性能较高，同时鹅的正常生理特性和行为表现被限制，环境条件被恶化，对维生素的需要量大幅增加，加之缺乏青饲料的供应和阳光的照射，容易发生维生素缺乏症，必须注意添加各种维生素来满足生存、生长、生产和抗病需要。维生素的种类很多，但归纳起来分为两大类，一类是脂溶性维生素，包括维生素 A、维生素 D、维生素 E 及维生素 K 等；另一类维生素是水溶性维生素，主要包括维生素 B 族和维生素 C。常见的维生素及其功能详见表 2-1。

表 2-1 常见的维生素及其功能

名称	主要功能	缺乏症状	主要来源
维生素 A	可以维持呼吸道、消化道、生殖道上皮细胞或黏膜的结构完整与健全，促进雏鹅的生长发育和蛋鹅产蛋，增强鹅对环境的适应力和抵抗力	雏鹅消化不良，羽毛蓬乱无光泽，生长速度缓慢；母鹅产蛋量和受精率下降，胚胎死亡率高，孵化率降低等。干眼病、夜盲症、呼吸道疾病	青绿多汁饲料、黄玉米、鱼肝油、蛋黄、鱼粉

（续表）

名称	主要功能	缺乏症状	主要来源
维生素 D	参与钙、磷的代谢，促进肠道钙、磷的吸收，调整钙、磷的吸收比例，促进骨的钙化	雏禽生长速度缓慢，羽毛松散，趾爪变软、弯曲，胸骨弯曲，胸部内陷，腿骨变形；成年鹅缺乏时，蛋壳变薄，产蛋率和孵化率下降，甚至发生产蛋疲劳症	鱼肝油、酵母、蛋黄、维生素 D_3 制剂
维生素 E	是一种抗氧化剂和代谢调节剂，与硒和胱氨酸有协同作用，对消化道和体组织中的维生素 A 有保护作用，能促进鹅的生长发育和繁殖率的提高。鹅处于逆境时的需要量增加	雏鹅发生渗出性素质病，形成皮下水肿与血肿、腹水，引起小脑出血、水肿和脑软化；成鹅繁殖机能紊乱，产蛋率和受精率降低，胚胎死亡率高	青饲料、谷物胚芽、苜蓿粉、维生素 E 制剂
维生素 K	催化合成凝血酶原（具有活性的是维生素 K_1、维生素 K_2 和维生素 K_3）	皮下出血形成紫斑，而且受伤后血液不易凝固，流血不止以致死亡	青绿多汁饲料、鱼粉、肉粉、维生素 K 制剂
维生素 B_1（硫胺素）	参与碳水化合物的代谢，维持神经组织和心肌正常，有助于胃肠的消化机能	易发生多发性神经炎，表现为头向后仰、羽毛蓬乱、运动器官和肌胃肌肉衰弱或变性、两腿无力，呈"观星"状；食欲减退，消化不良，生长发育缓慢	糠麸、青饲料、胚芽、草粉、豆类、发酵饲料、酵母粉、硫胺素制剂
维生素 B_2（核黄素）	对体内氧化还原、调节细胞呼吸、维持胚胎正常发育及雏鹅的生活力起重要作用	雏鹅生长缓慢、下痢，足趾弯曲，用跗关节行走；种鹅产蛋率下降，种蛋孵化率降低；胚胎发育畸形，萎缩、绒毛短，死胚多	青饲料、干草粉、酵母、鱼粉、糠麸、小麦、核黄素制剂

（续表）

名称	主要功能	缺乏症状	主要来源
维生素 B_3（泛酸）	是辅酶 A 的组成成分，与碳水化合物、脂肪和蛋白质的代谢有关	生长受阻，羽毛粗糙食欲下降，骨粗短，眼帘黏着，喙和肛门周围有坚硬痂皮	酵母、糠麸、小麦
维生素 B_5（烟酸或尼克酸）	某些酶类的重要成分，与碳水化合物、脂肪和蛋白质的代谢有关	雏鹅生长慢，羽毛发育不良，跗关节肿大，腿骨弯曲；蛋鹅缺乏时，羽毛脱落，口腔黏膜、舌、食道上皮发生炎症。产蛋减少，种蛋孵化率低	酵母、豆类、糠麸、青饲料、鱼粉、烟酸制剂
维生素 B_6（吡哆醇）	是蛋白质代谢的一种辅酶，参与碳水化合物和脂肪代谢，在色氨酸转变为烟酸和脂肪酸过程中起重要作用	神经障碍，从兴奋而至痉挛，雏鹅生长发育缓慢，食欲减退；脱毛，皮下水肿	禾谷类籽实及加工副产品
维生素 H（生物素）	以辅酶形式广泛参与各种有机物的代谢	鹅喙、趾发生皮炎，生长速度降低，种蛋孵化率低，胚胎畸形	鱼肝油、酵母、青饲料、鱼粉、糠
胆碱	胆碱是构成卵磷脂的成分，参与脂肪和蛋白质代谢；蛋氨酸等合成时所需的甲基来源	脂肪代谢障碍，使鹅易患脂肪肝，发生骨短粗症，共济运动失调，产蛋率下降；过多，可使鹅蛋产生鱼腥味	小麦胚芽、鱼粉、豆饼、甘蓝、氯化胆碱
维生素 B_{11}（叶酸）	以辅酶形式参与嘌呤、嘧啶、胆碱的合成和某些氨基酸的代谢	生长发育不良，羽毛不正常，贫血，种鹅的产蛋率和孵化率降低，胚胎在最后几天死亡	青饲料、酵母、大豆饼、麸皮、小麦胚芽
维生素 B_{12}（钴胺素）	以钴酰胺辅酶形式参与各种代谢活动，如嘌呤、嘧啶合成，甲基的转移及蛋白质、碳水化合物和脂肪的代谢；有助于提高造血机能和日粮蛋白质的利用率	雏鹅生长停滞，羽毛蓬乱，种鹅产蛋率、孵化率降低	动物肝脏、鱼粉、肉粉、鹅舍内的垫草、维生素 B_{12}

（续表）

名称	主要功能	缺乏症状	主要来源
维生素C（抗坏血酸）	具有可逆的氧化和还原性，广泛参与机体的多种生化反应；能刺激肾上腺皮质合成；促进肠道内铁的吸收，使叶酸还原成四氢叶酸；提高抗热应激和逆境的能力	易患坏血病，生长停滞，体重减轻，关节变软，身体各部出血、贫血，适应性和抗病力降低	青饲料、维生素C添加剂

五、水

水是鹅体的主要组成部分（鹅体内约含水70%，鹅肉中含水77%，鹅蛋中含水70.4%，主要分布于体液、淋巴液、肌肉等组织中），对鹅体内正常的物质代谢有着特殊作用，是鹅体生命活动过程不可缺少的物质。它是各种营养物质的溶剂，在鹅体内各种营养物质的消化、吸收、代谢废物的排出、血液循环、体温调节等都离不开水。鹅和其他动物一样失去所有的脂肪和一半蛋白质仍能活着，但失去体内水分1/10则多数会死亡。所以，在日常饲养管理中必须把水分作为重要的营养物质对待，经常供给清洁而充足的饮水。俗话说，"好草好水养肥鹅"，这表明了水对鹅的重要性。据测定，鹅吃1克饲料要饮水3.7克，在气温12~16℃时，鹅每天平均要饮1 000毫升水。由于鹅是水禽，一般都养在靠水的地方，在放牧中也常饮水，故而不容易发生缺水现象。如果是集约化饲养，则要注意保证满足饮水需要。

第二节　鹅的常用饲料

鹅的饲料种类很多，按其性质一般分为能量饲料、蛋白质饲料、青绿多汁饲料、粗饲料、矿物饲料、维生素饲料和添加剂饲料。

一、能量饲料

能量饲料是指那些富含碳水化合物和脂肪的饲料，在干物质中粗纤维含量在 18% 以下，粗蛋白质在 20% 以下。这类饲料主要包括禾本科的谷实饲料和它们加工后的副产品，动植物油脂和糖蜜等，是鹅饲料的主要成分，用量占日粮的 60% 左右。

（一）玉米

玉米含能量高（代谢能达 13.39 兆焦 / 千克），纤维少，适口性好，价格适中，是主要的能量饲料，一般在饲料中占 50%~70%。但玉米蛋白质含量较低，一般占饲料 8.6%，蛋白质中的几种必需氨基酸含量少，特别是赖氨酸和色氨酸。玉米含钙少，磷也偏低，喂时必须注意补钙。玉米中含有较多的胡萝卜素，有益于蛋黄和鹅的皮肤着色。现在培育的高蛋白质玉米、高赖氨酸玉米等饲料用玉米，营养价值更高，饲喂效果更好。一般情况下，玉米用量可占到鹅日粮的30%~65%。

（二）高粱

高粱含能量和玉米相近，蛋白质含量高于玉米，但单宁（鞣酸）含量较多，使味道发涩，适口性差。在配合鹅日粮时，夏季比例控制在 10%~15%，冬季在 15%~20% 为宜。

（三）小麦

小麦含能量与玉米相近，含粗蛋白质 10%~12%，且氨基酸比其他谷实类完全，B 族维生素丰富。缺点是缺乏维生素 A、维生素 D，小麦内含有较多的非淀粉多糖，黏性大，粉料中用量过大黏嘴，降低适口性。目前在我国，小麦主要作为人类食品，用其喂鹅，不一定经济。如在鹅的配合饲料中使用小麦，一般用量为 10%~30%。如果饲料中添加 β - 葡聚糖酶和木聚糖酶等酶制剂，小麦用量可占30%~40%。

（四）大麦、燕麦

大麦和燕麦二者含能量比小麦低，但 B 族维生素含量丰富。因其皮壳粗硬，需破碎或发芽后少量搭配饲喂。用量一般占日粮的10%~30%。

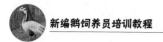

（五）小米

小米是谷子加工去皮后的产品，含能量与玉米相近，粗蛋白质含量高于玉米，为 10% 左右，核黄素（维生素 B_2）含量高（1.8 毫克/千克），而且适口性好。一般在配合饲料中用量占 15%~20% 为宜。

（六）麦麸

麦麸包括小麦麸和大麦麸。麦麸含能量低，但蛋白质含量较高，各种成分比较均匀，且适口性好，是鹅的常用饲料。由于麦麸粗纤维含量高，容积大，且有轻泻作用，故用量不宜过多。一般在配合饲料中的用量为 5%~15%。

（七）米糠

米糠是稻谷加工后的副产品，其成分随加工大米精白的程度而有显著差异。含能量低，粗蛋白质含量高，富含 B 族维生素，多含磷、镁和锰，少含钙，粗纤维含量高。由于米糠含油脂较多，故久贮易变质。一般在配合饲料中用量可占 5%~10%。

（八）高粱糠

高粱糠的粗蛋白质含量略高于玉米，B 族维生素含量丰富，但含粗纤维量高、能量低，且含有较多的单宁，适口性差。一般在配合饲料中不宜超过 5%。

（九）次粉（四号粉）

次粉是面粉工业加工副产品。营养价值高，适口性好。但和小麦相同，多喂时也会产生黏嘴现象，制作颗粒料时则无此问题。一般可占日粮的 10%~20%。

（十）油脂饲料

这类饲料油脂含量高，其发热量为碳水化合物或蛋白质的 2.25 倍。油脂饲料包括各种油脂，如豆油、玉米油、菜籽油、棕榈油等和脂肪含量高的原料，如膨化大豆、大豆磷脂等。在饲料中加入少量的脂肪饲料，除了作为脂溶性维生素的载体外，能提高日粮中的能量浓度。日粮中添加 3%~5% 的脂肪，可以提高雏鹅的日增重，保证蛋鹅夏季能量的摄入量和减少体增热，降低饲料消耗。但添加脂肪同时要相应提高其他营养素的水平。能减少料末飞扬，减少饲料浪费，有利于空气洁净。另外，添加大豆磷脂除能提供能量物质外，磷脂还能保护肝脏，提高肝脏的解毒功能，提高鹅体免疫系统活力和呼吸道黏膜的完整性，增强鹅体抵抗力。

（十一）根茎瓜类

用作饲料的根茎瓜类饲料主要有马铃薯、甘薯、南瓜、胡萝卜、甜菜等。含有较多的碳水化合物和水分，适口性好，产量高，是鹅的优良饲料。这类饲料的特点是水分含量高，可达75%~90%，但按干物质计算，其能量高，而且含有较多的糖分，胡萝卜和甘薯等还含有丰富的胡萝卜素。由于这类饲料水分含量高，多喂会影响干物质的摄入量，从而影响生产力。此外，发芽的马铃薯含有有毒物质，不可饲喂。

二、蛋白质饲料

蛋白质饲料是指饲料干物质中粗蛋白质含量在20%以上（含20%），粗纤维含量在18%以下（不含18%）。可分为植物性蛋白质饲料和动物性蛋白质饲料。一般在日粮中占10%~30%。

（一）大豆粕（饼）

大豆因榨油方法不同，其副产物可分为豆饼和豆粕两种类型，含粗蛋白质40%~45%，赖氨酸含量高，适口性好，经加热处理的豆粕（饼）是鹅最好的植物性蛋白质饲料。一般在配合饲料中用量可占15%~25%。由于豆粕（饼）的蛋氨酸含量低，故与其他饼粕类或鱼粉等配合使用效果更好。大豆粕（饼）的蛋白质和氨基酸的利用率受到加工温度和加工工艺的影响，加热不足或加热过度都会影响利用率。生的大豆中含有抗胰蛋白酶、皂角素、尿素酶等有害物质，榨油过程中，加热不良的饼粕中会含有这些物质，影响蛋白质利用率。

（二）花生饼

花生饼的粗蛋白质含量略高于豆饼，为42%~48%，精氨酸和组氨酸含量高，赖氨酸含量低，适口性好于豆饼，与豆饼配合使用效果较好。一般在配合饲料中用量可占15%~20%。花生饼脂肪含量高，不耐贮藏，易染上黄曲霉而产生黄曲霉毒素，这种毒素对鹅危害严重。因此，生长黄曲霉的花生饼不能喂鹅。

（三）棉籽饼

带壳榨油的称棉籽饼，脱壳榨油的称棉仁饼，前者含粗蛋白质 17%~28%；后者含粗蛋白质 39%~40%。在棉籽内，含有棉酚和环丙烯脂肪酸，对家畜健康有害。喂前应脱毒，可采用长时间蒸煮或 0.05%FeSO$_4$ 溶液浸泡等方法，以减少棉酚对鹅的毒害作用，其用量一般可占鹅日粮的 5%~8%。未经脱毒的棉籽饼喂量不能超过配合饲料的 3%~5%。

（四）菜籽饼

菜籽饼含粗蛋白质 35%~40%，赖氨酸比豆粕低 50%，含硫氨基酸高于豆粕 14%，粗纤维含量为 12%，有机质消化率为 70%。可代替部分豆饼喂鹅。由于菜籽饼中含有毒物质（芥子苷），喂前宜采取脱毒措施。未经脱毒处理的菜粒饼要严格控制喂量，用量不超过 5%。

（五）芝麻饼

芝麻饼是芝麻榨油后的副产物，含粗蛋白质 40% 左右，蛋氨酸含量高，适当与豆饼搭配喂鹅，能提高蛋白质的利用率，一般在配合饲料中用量可占 5%~10%。由于芝麻饼含脂肪多而不宜久贮，最好现粉碎现喂。

（六）葵花饼

葵花饼有带壳和脱壳的两种。优质的脱壳葵花饼含粗蛋白质 40% 以上、粗脂肪 5% 以下、粗纤维 10% 以下，B 族维生素含量比豆饼高，可代替部分豆饼喂鹅，一般在配合饲料中用量可占 10%~20%。带壳的葵花饼不宜饲喂蛋鹅。

（七）亚麻籽饼（胡麻籽饼）

亚麻籽饼蛋白质含量在 29.1%~38.2%，高的可达 40% 以上，但赖氨酸仅为豆饼的 1/3。含有丰富的维生素，尤以胆碱含量为多，而维生素 D 和维生素 E 很少。此外，它含有较多的果胶物质，为遇水膨胀而能滋润肠壁的黏性液体，是雏鹅、弱鹅、病鹅的良好饲料。亚麻籽饼虽含有毒素，但在日粮中搭配 10% 左右不会发生中毒。最好与含赖氨酸多的饲料搭配在一起喂鹅，以补充其赖氨酸低的缺陷。

（八）鱼粉

鱼粉是最理想的动物性蛋白质饲料，其蛋白质含量高达45%~60%，而且在其氨基酸组成方面，赖氨酸、蛋氨酸、胱氨酸和色氨酸含量高。鱼粉中含有丰富的维生素 A 和 B 族维生素，尤其是维生素 B_{12}。另外，鱼粉中还含有钙、磷、铁等矿物质。生产中可以用它来补充植物性饲料中限制性氨基酸不足，一般在配合饲料中鱼粉的用量可占到 2%~8%。由于鱼粉价格较高，掺假现象较多，使用时应仔细辨别和化验。市场上进口的秘鲁鱼粉的质量最好，但价格也最高。使用鱼粉时要注意盐含量，盐分超过鹅的饲养标准规定量，极易造成食盐中毒。

（九）血粉

血粉是屠宰场的另一种下脚料。蛋白质的含量高达 80%~82%，但血粉加工所需的高温易使其蛋白质的消化率降低，赖氨酸受到破坏。且血粉有特殊的腥臭味，适口性差，用量不宜过多，可占日粮的 2%~5%。

（十）肉骨粉

肉联厂的下脚料及病畜的废弃肉经高温处理制成，是一种良好的蛋白质饲料。肉骨粉粗蛋白质含量达 40% 以上，蛋白质消化率高达 80%，赖氨酸含量丰富，蛋氨酸和色氨酸较少，钙磷含量高，比例适宜，因此肉骨粉是鹅很好的蛋白质和矿物质补充饲料，用量可占日粮的 5%~10%。但肉骨粉易变质，不易保存。如果处理不好或者存放时间过长易发黑、发臭，此时不宜作饲料用，以免引起鹅瘫痪、瞎眼、生长停滞甚至死亡。

（十一）蚕蛹粉

蚕蛹粉含粗蛋白质约 68%，且蛋白质品质好，限制性氨基酸含量高，是鹅的良好蛋白质饲料。但其脂肪含量高，不耐贮藏，在配合饲料中用量可占 5%~10%。

（十二）羽毛粉

水解羽毛粉含粗蛋白质近 80%，但蛋氨酸、赖氨酸、色氨酸和组氨酸含量低，使用时要注意氨基酸平衡问题，应该与其他动物性饲料配合使用。一般在配合饲料中用量为 2%~3%，过多会影响鹅的生长和生产。在鹅饲料中添加羽毛粉可以预防和减少啄癖。

（十三）酵母饲料

其是在一些饲料中接种专门的菌株发酵而成，既含有较多的能量和蛋白质，又含有丰富的 B 族维生素和其他活性物质，蛋白质消化率高，能提高饲料的适口性及营养价值，对雏鹅生长和种鹅产蛋均有较好作用。一般在日粮中可加入 2%~4%。

（十四）螺蛳、河蚌、蚯蚓、小鱼

这些均可作为鹅的动物性蛋白质饲料利用。但喂前应蒸煮消毒，防止腐败。有些软体动物如蚬肉中含有硫胺酶，能破坏维生素 B_1。鹅吃大量的肌肉，所产蛋中维生素缺乏，死胎多，孵化率低，雏鹅易患多发性神经炎。这类饲料用量一般可占日粮的 10%~20%。

三、青绿多汁饲料

（一）青饲料

鹅的饲料以青绿饲料为主，各种野生的青草，只要无毒、无异味都可采用，为保证有充足的牧草饲料，可进行人工种植并及时刈割和打捆以便于利用。鹅喜吃的野生青绿饲料主要有狗牙根（爬根草、绊根草、行仪芝）、鸭舌草、狗尾草、蟋蟀草（牛筋草）、稗草、茭麦、羊蹄（牛舌头菜）、酢浆草、藜、地肤、莎草、荆三棱、菹草、香菜（水钱、金莲子、水合子）、金鱼藻等。人工栽培的各种蔬菜、葛盲叶、牧草都是良好的青饲料。鲜嫩的青饲料含木质素少，易于消化，适口性好，且种类多，来源广，利用时间长。青绿多汁饲料富含粗蛋白质，消化率高，品质优良；钙、磷含量高，比例恰当；胡萝卜素和 B 族维生素含量也高；碳水化合物中无氮浸出物含量多，粗纤维少，有刺激消化腺分泌的作用。在养鹅生产中，通常的精料与青绿饲料的重量比例是，雏鹅 1：1，中鹅 1：1.5，成年鹅 1：2。

无论采集野生青绿饲料或是人工栽培的青绿饲料养鹅时，都应注意以下几点。

① 青绿饲料要现采现喂（包括打浆），不可堆积或用喂剩的青草浆，以防产生亚硝酸盐中毒；有毒的和刚喷过农药的菜地、草地或牧草要严禁采集和放牧，以防中毒。

② 含草酸多的青绿饲料，如菠菜、糖菜叶等不可多喂，以防引起雏鹅佝偻病、瘫痪、母鹅产薄壳蛋和软壳蛋；某些含皂素多的牧草喂量不宜过多，过多的皂素会抑制雏鹅的生长。如有些苜蓿草品种皂素含量高达 2%。所以，不宜单纯放牧苜蓿草或以青苜蓿作为唯一的青绿饲料喂鹅，应与禾本科的青草合理搭配进行饲喂。

（二）青贮饲料

用新鲜的天然植物性饲料调制成的青贮饲料在鹅的饲料中使用不普遍，但在缺少青绿饲料的冬天可以使用青贮饲料，鹅用青贮饲料的原料有三叶草、苜蓿、玉米秸秆、禾本科杂草及胡萝卜茎叶。青贮时，pH 值为 4~4.2，粗纤维不超过 3%，长度不超过 5 厘米。一般鹅每天可喂 150~200 克。

对于大规模养鹅场可使用大型青贮窖来对青粗饲料进行青贮。对于小规模养鹅场可使用小型青贮窖或采用袋装青贮的方式来进行青贮，其制作和使用过程见图 2-1。

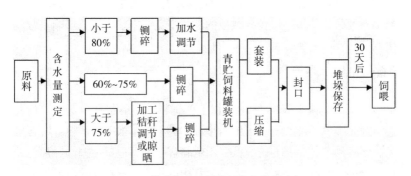

图 2-1　袋装青贮饲料的制作和使用过程

青贮饲料的质量评定可以用感观鉴定 pH 试纸鉴定法和化学鉴定法，使用最多的是前两种方法。感观鉴定法详见表 2-2。

表 2-2　青贮饲料的质量感观鉴定标准

等级	气味	颜色	质地、结构
优等	具有芳香酒酸味	黄绿色或青绿色	原料茎、叶保持原状，叶脉及绒毛清晰可见，湿润、松散、柔软不黏手

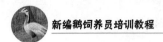

（续表）

等级	气味	颜色	质地、结构
良好	芳香味弱，稍有酒味和酸味	黄褐色或暗棕色	原料茎、叶基本保持原状，能清晰辨认，柔软，水分稍多或稍干，略带黏性
一般	刺鼻酒酸味，不舒适感	暗褐色	原料茎叶较难分离，黏性较大

pH 试纸鉴定法即使用 pH 试纸对青贮饲料进行测试，其判定标准如下。

① 优等 pH 值 3.5~4.0；② 良好 pH 值 4.0~4.4；③ 一般 pH 值 4.4~5.0。

化学测定法相对较麻烦，一般不常使用。只有达到优等和良好级别的青贮饲料，在使用后才会得到良好的饲养效果，不符合要求的青贮饲料要禁止使用，以免导致鹅的消化不良或出现中毒，影响正常的生产。

四、粗饲料

粗饲料是指粗纤维在 18% 以上的饲料，主要包括干草类、秸秆类、糠壳类、树叶类等。粗饲料来源广泛，成本低廉，但粗纤维含量高，不容易消化，营养价值低。粗饲料容积大，适口性差。经加工处理，养鹅还可利用一部分。尤其是其中的优质干草在粉碎以后，如豆科干草粉，仍是较好的饲料，是鹅冬季粗蛋白质、维生素以及钙的重要来源。由于粗纤维不易消化，因此其含量要适当控制，一般不宜超过 10%。干草粉在日粮中的比例通常为 20% 左右。粗饲料宜粉碎后饲喂，并注意与其他饲料搭配。粗饲料也要防止腐烂发霉、混入杂质。

五、矿物质饲料

鹅的生长发育、机体的新陈代谢需要钙、磷、钠、钾、硫等多种矿物元素，上述青绿饲料、能量饲料、蛋白质饲料中虽均含有矿物质，但含量远不能满足生长和产蛋的需要，因此在鹅日粮中常常需要专门加入石粉、贝壳粉、骨粉、食盐、沙砾等矿物质饲料。

（一）钙磷补充饲料

1. 骨粉或磷酸氢钙

含有大量的钙和磷，而且比例合适。添加骨粉或磷酸氢钙，主要用于饲料中含磷量不足，在配合饲料中用量可占 1.5%~2.5%。

2. 贝壳粉、石粉、蛋壳粉

三者均属于钙质饲料。一般在鹅配合饲料中用量，育雏及育成阶段 1%~2%，产蛋阶段 6%~7%。贝壳粉是最好的钙质矿物质饲料，含钙量高，又容易吸收；石粉价格便宜，含钙量高，但鹅吸收能力差；蛋壳粉可以自制，将各种蛋壳经水洗、煮沸和晒干后粉碎即成。蛋壳粉的吸收率也较好，但要严防传播疾病。

（二）食盐

食盐主要用于补充鹅体内的钠和氯，保证鹅体正常新陈代谢，还可以增进鹅的食欲，用量可占日粮的 0.3%~0.35%。另外，生产鹅肥肝时，日粮中食盐含量以 1.0%~1.6% 为宜。

（三）沙砾

沙砾并没有营养作用，但补充沙砾有助于鹅的肌胃磨碎饲料，提高消化率。放牧鹅群随时可以吃到沙砾，而舍饲的鹅则应加以补充。舍饲的鹅如长期缺乏沙砾，容易造成积食或消化不良，采食量减少，影响生长和产蛋。因此，应定期在饲料中适当拌入一些沙砾，或者在鹅舍内放置沙砾盆，让鹅自由采食。一般在日粮中可添加 0.5%~1%，粒度似绿豆大小为宜。沙砾要不溶于盐酸。

（四）沸石

沸石是一种含水的硅酸盐矿物，在自然界中达 40 多种。沸石中含有磷、铁、铜、钠、钾、镁、钙、银、钡等 20 多种矿物质元素，是一种质优价廉的矿物质饲料。苏联将沸石称为"卫生石"，在鹅舍内适当位置放置（一般可放置在角落），可以有效降低鹅舍内有害气体含量，同时还可保持舍内干燥。沸石粉在配合饲料中的用量可占 1%~3%。

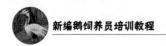

六、维生素饲料

在放牧条件下，青绿多汁饲料能满足鹅对维生素的需要。在舍饲时则必须补充维生素，其方法是补充维生素饲料添加剂，或饲喂富含维生素的饲料。

青菜、白菜、通心菜、甘蓝及其他各种菜叶、无毒的野菜等均为良好的维生素饲料。青嫩时期刈割的牧草、曲麻菜和树叶等维生素的含型也很丰富。用量可占精料的30%~50%。某些干草粉、松针粉、槐叶粉等也可作为鹅的良好维生素饲料。此外，常用的维生素饲料还有水草和青贮饲料。水草喂量可占精料的50%以上，适于喂青年鹅和种鹅。以去根、打浆后的水葫芦饲喂效果较好。另外，水花生也可喂鹅。青贮饲料则可于每年秋季大量贮制，青贮后适口性好且保存期长，是冬季优良的维生素饲料。

七、饲料添加剂

为了满足鹅的营养需要，完善日粮的全价性，需要在饲料中添加原来含量不足或不含有的营养物质和非营养物质，以提高饲料利用率，促进鹅生长发育，防治某些疾病，减少饲料贮藏期间营养物质的损失或改进产品品质等，这类物质称为饲料添加剂。

（一）饲料添加剂种类

饲料添加剂分营养性和非营养性两大类。

1. 营养性饲料添加剂

营养性饲料添加剂包括氨基酸、维生素、微量元素、肽类添加剂等。

目前人工合成而作为饲料添加剂进行大批量生产的氨基酸添加剂主要有赖氨酸和蛋氨酸。以大豆饼为主要蛋白质来源的日粮，添加蛋氨酸可以节省动物性饲料用量，豆饼不足的日粮添加蛋氨酸和赖氨酸，可以大大强化饲料的蛋白质营养价值，在杂粮含量较高的日粮中添加氨基酸可以提高日粮的消化利用率。维生素、微量元素添加剂，添加时按药品说明决定用量，饲料中原有的含量只作为安全含量，不予考虑。鹅处于逆境时对这类添加剂需要量加大。

2. 非营养性饲料添加剂

非营养性饲料添加剂包括生长促进剂、助消化剂、驱虫保健剂、代谢调节剂、饲料保藏剂、质量改进剂等几类，常用的有抗生素添加剂、中草药添加剂、酶制剂、微生态制剂、酸制（化）剂、低聚糖、糖萜素、大蒜素、防霉剂、抗氧化剂和着色剂等。

（二）使用饲料添加剂应注意的问题

1. 正确选择

目前，饲料添加剂的种类很多，每种添加剂都有自己的用途和特点。因此，使用前应充分了解它们的性能，然后结合饲养目的、饲养条件、鹅的品种及健康状况等选择使用。

2. 用量适当

用量少，达不到目的，用量过多会引起中毒，增加饲养成本。用量多少应严格遵照生产厂家在包装上所注的说明或实际情况确定。

3. 搅拌均匀

搅拌均匀程度与饲喂效果直接相关。具体做法是先确定用量，将所需添加剂加入少量的饲料中，拌和均匀，即为第 1 层次预混料；然后再把第 1 层次预混料掺到一定量（饲料总量的 1/5~1/3 ）饲料上，再充分搅拌均匀，即为第 2 层次预混料；最后把第 2 层次预混料掺到剩余的饲料上，拌匀即可。这种方法称为饲料 3 层次分级拌合法。由于添加剂的用量很少，只有多层分级搅拌才能混均。如果搅拌不均匀，即使是按规定的量饲用，也往往起不到作用，甚至会出现中毒现象。

4. 贮存时间不宜过长

大部分添加剂不宜久放，特别是营养添加剂、特效添加剂，久放后易受潮、发霉变质或氧化还原而失去作用，如维生素添加剂、抗生素添加剂等。饲料添加剂一般不能混于加水的饲料和发酵的饲料中，更不能与饲料一起加工或煮沸使用。

5. 配伍禁忌

多种维生素最好不要直接接触微量元素和氯化胆碱，以免降低药效。在同时饲用两种以上的添加剂时，应考虑有无拮抗、抑制作用，是否会产生化学反应等。

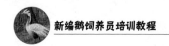

第三节　鹅的日粮配合

一、鹅日粮配合的依据

鹅日粮配合的依据是饲养标准。饲养标准是以鹅的营养需要（鹅在生长发育、繁殖、生产等生理活动中每天对能量、蛋白质、维生素和矿物质的需要量）为基础的，经过多次试验和反复验证后对某一类鹅在特定环境和生理状态下的营养需要得出的一个在生产中应用的估计值。在饲养标准中，详细地规定了鹅在不同生长时期和生产阶段，每千克饲粮中应含有的能量、粗蛋白质、各种必需氨基酸、矿物质及维生素含量。有了饲养标准，可以避免实际饲养中的盲目性，不至于因饲粮营养指标偏离鹅的需要量或比例不当而降低鹅的生产水平。但是，鹅的营养需要受到鹅的品种、生产性能、饲料条件、环境条件等都多种因素影响，选择标准应该因鹅制宜，因地制宜。

二、鹅日粮配合的原则

1.营养原则

配合日粮时，应该以鹅的饲养标准为依据。但鹅的营养需要是个极其复杂的问题，饲料的品种、产地、保存好坏会影响饲料的营养含量，鹅的品种、类型、饲养管理条件等也能影响营养的实际需要量，温度、湿度、有害气体、应激因素、饲料加工调制方法等也会影响营养需要和消化吸收。因此，在生产中，原则上按饲养标准配合日粮，也要根据实际情况作适当的调整。

2.生理原则

配合日粮时，必须根据各类鹅的不同生理特点，选择适宜的饲料进行搭配。如雏鹅，需要选用优质的粗饲料，比例不能过高；成年鹅对粗纤维的消化能力增强，可以提高粗饲料用量，扩大粗饲料选择范围。还要注意日粮的适口性、容重和稳定性。

3.经济原则

在养鹅生产中，饲料费用占很大比例，一般要占养鹅成本的70%~80%。因此，配合日粮时，充分利用饲料的替代性，就地取材，选用营养丰富、价格低廉的饲料原料来配合日粮，以降低生产成本，提高经济效益。

4. 安全性原则

饲料安全关系到鹅群健康，更关系到食品安全和人民健康。所以，配制的饲料要符合国家饲料卫生质量标准，饲料中含有的物质、品种和数量必须控制在安全允许的范围内，有毒物质、药物添加剂、细菌总数、霉菌总数、重金属等不能超标。

三、鹅的日粮配合

（一）鹅日粮配方设计

配合日粮首先要设计日粮配方，有了配方，然后"照方抓药"。鹅日粮配方的设计方法很多，如四角形法、线性规划法、试差法、计算机法等。目前多采用试差法和计算机法。

1. 试差法

试差法是畜牧生产中常用的一种日粮配合方法。此法是根据饲养标准及饲料供应情况，选用数种饲料，先初步规定用量进行试配，然后将其所含养分与饲养标准对照比较，差值可通过调整饲料用量使之符合饲养标准的规定。应用试差法一般经过反复的调整计算和对照比较。

（1）具体步骤

① 查找饲养标准，列出饲养对象的营养需要量。

② 查饲料营养价值表，列出所用饲料的养分含量。

③ 初配。根据饲养对象日粮配合时对饲料种类大致比例的要求，初步确定各种饲料的用量，并计算其养分含量，然后将各种饲料中的养分含量相加，并与饲养标准对照比较。

④ 调整。根据试配日粮与饲养标准比较的差异程度，调整某些饲料的用量，并再次进行计算和对照比较，直至与标准符合或接近为止。下面以配制雏鹅日粮为例，说明此法。

（2）示例 选择基本饲料原料玉米、豆饼、菜籽饼、进口鱼粉、

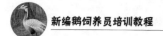

麸皮、磷酸氢钙、石粉与食盐。配制程序如下。

① 列出雏鹅的各种营养物质需要量，以及所用原料的营养成分。

② 初步确定所用原料的比例。根据经验，假设日粮中的各原料分别占如下比例：鱼粉4%，菜籽饼5%，麸皮10%，食盐与矿物质和添加剂4%。

③ 将4%鱼粉、5%菜籽饼、10%麸皮，分别用各自的百分比乘各自原料中的营养含量。如鱼粉的用量为4%，每千克鱼粉中含代谢能11.67兆焦，则40克鱼粉中含代谢能12.1346×4%=0.5106兆焦。依次类推。

④ 计算豆饼和玉米的用量。上述3种饲料加矿物质等共占230克，其中含蛋白质57克，代谢能1.6兆焦，不足部分用余下的770克补充。现在初步定玉米560克，豆饼210克，经过计算这两种饲料中含代谢能为10.1兆焦，蛋白质135克。与前面3种饲料相加，得代谢能11.7兆焦/千克，蛋白质19.2%。与饲养标准接近。

⑤ 加入食盐0.3%，磷酸氢钙1.2%，石粉1.5%，添加剂1%。

饲料配方为：玉米56%、豆饼21%、菜籽饼5%、进口鱼粉4%、麸皮10%、磷酸氢钙1.2%、石粉1.5%、食盐0.3%和添加剂1%。

2.计算机法

应用计算机设计饲料配方可以考虑多种原料和多个营养指标，且速度快，能调出最低成本的饲料配方。现在应用的计算机软件，多是应用线性规划，就是在所给饲料种类和满足所求配方的各项营养指标的条件下，能使设计的配方成本最低。但计算机也只能是辅助设计，需要有经验的营养专家进行修订、原料限制，以及最终的检查确定。

3.四角法

又称对角线法，此法简单易学，适用于饲料品种少，指标单一的配方设计。特别适用于使用浓缩料加上能量饲料配制成全价饲料。举例：用含粗蛋白质28%的浓缩料和含粗蛋白质8.4%的玉米相配合，设计一个含粗蛋白质16.24%的饲料配方。

① 画一个正方形，在其中间写上所要配的饲料的粗蛋白质百分含量，并与四角连线。

② 在正方形的左上角和左下角分别写上所用原料玉米、浓缩料的粗蛋白质百分含量，即8.4和28。

③ 沿两条对角线用大数减小数，把结果写在相应的右上角及右下角，所得结果便是玉米和浓缩料配合的份数。

④ 把两者份数相加之和作为配合后的总份数，依次作除数，分别求出两者的百分数，即为它们的配比率。用40%浓缩料和60%的玉米就可配成含粗蛋白16.24%的全价饲料。见图2-2。

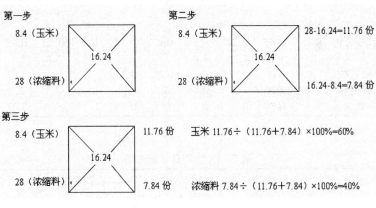

图2-2 四角法饲料配方设计

（二）鹅日粮配方举例

1.典型配方

见表2-3、表2-4、表2-5。

表 2-3　鹅的日粮配方一　（%）

饲料组分	0~4周			4周以后			产蛋期		
	配方1	配方2	配方3	配方1	配方2	配方3	配方1	配方2	配方3
玉米	48.8	57	47.7	53	58	44	55	62	52
小麦	10			7			10		
次粉	5	5	5	5	5	5	5	5	5
草粉	5	5		7.4	6		5	5	
米糠			7	6	7	9.5			6.5
稻谷			7			19			8.7
豆粕	25	30.5	29	15	17.5	15	11.4	21	21
菜子粕	2		2	4	4	5	4		
鱼粉	2						3		
磷酸氢钙	0.15	0.47	0.29	0.5	0.47	0.29	0.3	0.35	0.35
石粉	1.1	1.12	1.16	1.0	1.0	1.19	5.5	5.8	5.6
赖氨酸	0.05	0.05		0.2	0.13	0.17			
预混料	0.5	0.5	0.5	0.5	0.5	0.5		0.5	0.5
食盐	0.4	0.36	0.35	0.4	0.4	0.35	0.3	0.35	0.35

表 2-4　鹅的日粮配方二　（%）

饲料组分	雏鹅（0~3周）	生长鹅		育成鹅（17~28周）	种鹅
		（4~8周）	（8~16周）		
玉米	37.96	38.5	43.46	60.0	39.69
高粱	20	25.0	25.00		25.0
大豆粕	27.5	24.5	16.50	9.0	11.0
鱼粉	2.0				2.50
肉骨粉	3.0	1.00	1.00	3.0	
糖蜜	5.0	5.00	3.00	20.0	3.00
米糠			5.40	4.58	10.0
玉米麸皮粉	2.50	2.50	2.50		
油脂	0.30				2.40
食盐	0.30	0.30	0.3	0.30	
碳酸氢钙	0.10	1.65	1.40	1.50	1.00
石粉	0.74	1.00	0.90	1.10	4.90
蛋氨酸	0.10	0.05	0.04	0.02	0.01
预混料	0.50	0.50	0.50	0.50	0.50

表2-5 豁鹅日粮配方 （%）

饲料组分		1~30日龄	31~90日龄	91~180日龄	成年
饲料原料	玉米	47	47	27	33
	麸皮	10	15	33	25
	豆粕	20	15	5	11
	谷糠	12	13	30	25
	鱼粉	8	7	2	3
	骨粉	1	1	1	1
	贝壳粉	2	2	2	2
营养水平	粗蛋白质（%）	20.29	18.38	14.39	16.30
	代谢能（兆焦/千克）	12.08	12.00	11.10	13.80
	钙（%）	1.55	1.50	1.96	2.35
	磷（%）	0.74	0.76	1.05	1.06

2. 雏鹅配方

见表2-6。雏鹅开食后，最好是喂给配合饲料。喂食时，先喂青料再喂配合料，也可将青料与配合料湿拌混合后喂雏鹅。

表2-6 雏鹅配方 （%）

饲料组分		配方一	配方二	配方三	配方四
饲料原料	玉米	36	65	61.3	58.7
	酒糟		15.2		
	小麦	25			
	大麦	19.4			
	麦麸			10.8	7
	葵花粕	5			
	菜籽粕		7.5		14.5
	棉籽粕				15.3
	豆粕		8.5	17	
	稻糠			7.2	
	饲料酵母	5			
	鱼粉	3			
	肉骨粉	1			
	骨粉	0.7			

（续表）

饲料组分		配方一	配方二	配方三	配方四
	贝壳粉	2		2.8	0.6
	磷酸氢钙		2.9		3.0
	食盐	0.4	0.4	0.4	0.4
	添加剂	0.5	0.5	0.5	0.5
营养水平	粗蛋白质	≥ 15.0	≥ 15.0	≥ 15.0	≥ 16.0
	代谢能（兆焦／千克）	12.0	11.7	11.8	11.0
	钙	≥ 0.8	≥ 0.8	≥ 1.0	≥ 0.8
	磷	≥ 0.6	≥ 0.6	≥ 0.6	≥ 0.6

3. 肉用仔鹅育肥期饲料配方

见表2-7。

表2-7　肉用仔鹅育肥期饲料配方　　　　（%）

饲料组分		配方一	配方二	配方三	配方四
	玉米	50	49	59	50
	麦麸	17	20	30	22.2
	高粱		10		
	大麦	13			
	菜籽粕	3			
饲料原料	棉籽粕	2	4.5		
	豆粕	12	13	8.5	15
	稻糠				10
	肉骨粉			1.4	1.6
	石粉	0.5	1.0	0.7	0.4
	磷酸氢钙	1.7	1.7		
	食盐	0.3	0.3	0.4	0.3
	添加剂	0.5	0.5	0.5	0.5

（续表）

饲料组分		配方一	配方二	配方三	配方四
营养水平	粗蛋白质	≥15.1	≥15.0	≥12.8	≥15.2
	代谢能（兆焦/千克）	11.3	11.3	11.1	11.2
	钙	≥0.9	≥0.9	≥0.8	≥0.8
	磷	≥0.7	≥0.7	≥0.6	≥0.7

4. 产蛋鹅及种鹅饲料配方

鹅产蛋前 1 个月左右，应改喂种鹅饲料。种鹅日粮的配合要充分考虑母鹅产蛋各阶段的实际营养需要，并根据当地的饲料资源因地制宜地制定饲料配方，见表2-8。

表2-8 产蛋鹅及种鹅饲料配方 （%）

饲料组分		配方一	配方二	配方三	配方四
饲料原料	玉米	61	40.8	55	44
	糠饼				12
	麦麸	10	8	12	4.5
	高粱		19.6		
	葵花粕	6			
	菜籽粕		4	6.6	5
	棉籽粕	3.5			3
	豆粕	8.7	18	6.7	12
	稻糠			8	13
	饲料酵母	2			
	肉骨粉	4.3			1
	血粉			3.4	
	石粉	3.6	3.8		
	贝壳粉			3.5	5
	磷酸氢钙		4.9	3.9	
	食盐	0.4	0.4	0.4	0.2
	添加剂	0.5	0.5	0.5	0.3

（续表）

饲料组分		配方一	配方二	配方三	配方四
营养水平	粗蛋白质	≥ 15.0	≥ 15.5	≥ 13.6	≥ 15.9
	代谢能（兆焦 / 千克）	11.1	11.0	11.0	11.1
	钙	≥ 2.4	≥ 2.2	≥ 2.2	≥ 2.2
	磷	≥ 0.7	≥ 1.0	≥ 1.0	≥ 0.7

（三）鹅日粮的配制加工

1. 饲料原料选择

饲料原料包括谷物饲料、浓缩料和预混料等，选择优质的饲料原料，感官检验注意以下几个方面。

① 色泽，一律鲜明的典型颜色。

② 味道，一种独特清新味道。

③ 温湿度，颗粒可以自由流动，无黏性和湿性斑点，无明显的发热现象，湿度在允许的范围内。

④ 均匀性，颜色、外表和全面的外表均匀一致。

⑤ 杂质，不含泥沙、金属物、黏质及其他不宜物质。

⑥ 污染物，没有鸟类、鼠类、昆虫类和其他动物粪便。否则，是不良的饲料原料，不能使用。

2. 饲料原料的称量

饲料原料的称量准确与否直接影响到配合饲料的质量，配方设计得再科学，但称量不准，也不可能配出符合要求的全价饲料。准确称量有两点要求：一要有符合要求的称量器具，常用电子秤（规模化饲料加工厂）和一般的磅秤（小型饲料加工场和饲养场）。要求具有足够的准确度和稳定性，满足饲料配方所提出的精确配料要求，不宜出现故障，结构简单，易于掌握和使用。二要准确称量。配料人员要有高度的责任心，一丝不苟，认真称量，保证各种原料准确无误。并定期检查磅秤的准确程度，发现问题及时解决。

3. 饲料搅拌

饲粮使用时，要求鹅采食的各个部分饲料所含的养分都是均衡的。因此，饲料搅拌必须均匀。饲料拌合有机械拌和、手工拌和两种方法。

（1）机械拌和　采用搅拌机进行。常用的搅拌机有立式和卧式两种类型。立式搅拌机适用于拌合含水量低于4%的粉状饲料，含水量过多则不易拌和均匀。这种搅拌机所需动力小，价格低，维修方便，但搅拌时间较长（一般每批需10~20分钟），过久，使饲料混合均匀后又因过度混合而导致分层现象，同样影响混合均匀度。时间长短可按搅拌机使用说明进行。

（2）手工拌和　手工拌和时特别要注意一些在日粮中所占比例小但会严重影响饲养效果的微量成分，如食盐和各种添加剂。如果拌和不均，轻者影响饲养效果，严重时会造成鹅群产生疾病、中毒，甚至死亡。对这些微量成分，在拌和时首先要充分粉碎，不能有结块现象，块状物不能拌和均匀，被鹅采食后有可能发生中毒。其次，由于这类成分用量少，不能直接加入大宗饲料中进行混合，而应采用预混合的方式。其做法是：取10%~20%的精料（最好是比例大的能量饲料，如玉米面、麦麸等）作为载体，另外堆放，然后将微量成分分散加入其中，用平锹着地撮起，重新堆放，将后一锹饲料压在前一锹放下的饲料上，即一直往饲料的顶上放，让饲料沿中心点向四周流动成为圆锥形，这样可以使各种饲料都有混合的机会。如此反复3~4次即可达到拌和均匀的目的，预混合料即制成。最后再将这种预混合料加入全部饲料中，用同样方法拌和3~4次即能达到目的。手工拌和时，只有通过这样多层次分级拌和，才能保证配合日粮品质，那种在原地翻动或搅拌饲料的方法是不可取的。

4.成品料的管理

定期检查校正称量系统，检查袋装饲料的净重。每批饲料开始装料时，肉眼观察所装饲料是否与标签规定的品种相符，质量有无异常。按规定正确在库房堆垛产品，坚持"先进先出"的原则，产品装车出厂前再次核对提货单与产品标签是否相符。饲料品种更换时，要彻底清扫成品仓以及包装线上的残余饲料。正确取样、分样，送化验室分析。

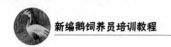

第四节　鹅青绿饲料和牧草的调制加工

饲料加工调制的目的，是改善其可食性、适口性，提高消化率、吸收率，减少饲料的损耗，便于贮藏与运输。青绿饲料与牧草加工调制的方法主要有以下几种。

一、切碎

将鲜草、块根、块茎、瓜菜等青绿、多汁饲料洗净切碎后直接喂鹅。切碎的要求是：青料应切成丝条状，多汁饲料可切成块状或丝条。一般应随切随喂，否则很容易变质腐烂。

上铡下粉组合青粗料加工机可把牧草铡成 1~2 厘米的小段喂牛、羊、鹅、鱼或制作青贮饲料等。亦可把干的牧草、玉米、地瓜等粉碎成粉，便于饲喂。

二、粉碎

粗饲料如干草等，鹅难于食取，必须粉碎。谷食类饲料如稻谷、大麦等，有坚硬的皮壳和表皮，整粒喂雏鹅不易消化，也应粉碎。饲料粉碎后表面积增大，与鹅消化液能充分接触，便于消化吸收。雏鹅粉碎细些，中鹅、大鹅可粗些。但是，用于生产鹅肥肝的玉米则不可粉碎；饲喂中鹅、大鹅的谷实类饲料也不可粉碎。

三、青贮

青贮既是一种保持青绿多汁饲料营养价值的加工调制方法，也是一种青绿饲料的贮存方法。青贮是一种厌氧发酵处理，是以乳酸菌为主、有多种微生物参加的生物化学变化过程。青贮过程中青绿多汁饲料的养分损失一般不超过 10%。青贮能改善适口性。青贮饲料是鹅冬季青绿多汁饲料和维生素的一种来源。青贮时要选好鲜草料原料，控制水分，严格密封，及时青贮。我国目前用青贮饲料喂鹅的很少，而前苏联则较多。青贮饲料要有如青贮塔、青贮窖、青贮塑料袋等设备。

四、干制

青草、青绿树叶等干制后，适口性好，能保存其营养成分，在冬、春季可用来代替青饲料。干制后的饲料是舍饲或半舍饲养鹅饲料中蛋白质、维生素和矿物质等营养物质的重要来源，对改善鹅营养状况具有非常重要的意义。调制干草时要注意适时的收割。①禾本科牧草进入抽穗阶段，豆科牧草出现花蕾时，各种养分的含量较丰富且平衡，枝繁叶茂，产草量和营养物质总量都较高，是适宜的收割期。②一般以当天早晨收割最好。因为夜间植物的气孔关闭，不蒸发，牧草含水量较多，所以夜里收割牧草，对调制青干草不利。中午收割牧草，虽然牧草的含水量少，但干燥时间变短，因而也不理想。夏季或夏末初秋高温季节要避开雨季收割。干草调制的一般流程见图2-3。根据饲草干燥方法的不同，该工艺流程也可作出适当的调整。调制干草的方法有自然干燥法和烘干法。

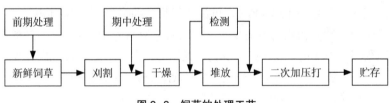

图2-3　饲草的处理工艺

（一）自然干燥法

即将鲜草放在阳光下自然晒制，使其中水分的含量降低到17%以下即可。

1. 田间干燥法

刈割的牧草可直接在田间翻晒干燥。通常在早晨刈割牧草，在上午11时左右翻晒效果最好，如果需要再翻晒一次的话，可在13~14时进行，没有必要进行多余的翻晒。一般早上刈割，当天水分可降低到50%左右。从第2天开始，由于牧草的含水量降低，干燥速度变慢，出于安全贮藏的考虑，仍要反复翻晒，以便水分蒸发。如天气不好，可把青草集成高约1米的小堆，盖上塑料薄膜，防止雨淋。晴天时，再倒堆翻晒，直到干燥为止。

对于雨量较少的我国北部干旱地区，在秋末冬初的打草季节，牧草的含水量一般仅 50% 左右，刈割后应直接搂成草垄，或集成小堆，风干 2~3 天。当水分降至 20% 左右时，堆成大垛。整个晒草过程中，应尽量减少翻动和搬运，以减轻机械作用造成的损失。

2. 架上晒草法

多雨地区或逢阴雨季节，宜采用草架干燥。架上晾晒的牧草，要堆放成圆锥形或屋脊形，要堆得蓬松些，厚度不超过 70~80 厘米，离地面应有 20~30 厘米，堆中应留通道，以利空气流通，外层要平整并保持一定倾斜度，以便排水，在架上干燥时间一般为 1~3 周。架上干燥法一般比地面晒制法养分的损失减少 5%~10%。也有些地区，有利用墙头、木杆、铁丝架晒制甘薯藤、花生藤的习惯，其效果与架上干燥法相类似。

（二）人工干燥法

在自然条件下晒制干草，营养物质的损失相当大，一般干物质的损失占青草的 10%~30%，可消化干物质的损失达 35%~45%。如遇阴雨，营养物质的损失更大，可占青草总营养价值的 40%~50%。而采用人工快速干燥法，营养物质的损失只占鲜草总量的 5%~10%。人工干燥法主要分为常温通风干燥、低湿烘干法和高温快速干燥法。

1. 常温通风干燥法

此法是利用高速风力，将半干青草所含水分迅速风干，它可以看成是晒制干草的一个补充过程。通风干燥的青草，事先须在田间将草茎压碎并堆成垄行或小堆风干，使水分下降到 35%~40%，然后在草库内完成干燥过程。通风干燥的干草，比田间晒制的干草，含叶较多，颜色绿，胡萝卜素要高出 3~4 倍。

2. 低温烘干法

此法采用加热的空气，将青草水分烘干，干燥温度为 50~79℃，需 5~6 小时；干燥温度为 120~150℃，经 5~30 分钟则完成干燥。未经切短的青草置于传送带上，送入干燥室干燥。

3. 高温快速干燥法

利用火力或电力产生的高温气流，可将切碎成 2~3 厘米长的青草在数分钟甚至数秒钟内,使水分含量降到10%~12%。高温快速干燥法属于工厂化生产,生产成本较高。其产品可再粉碎成干草粉,或加工成颗粒饲料。采用高温快速干燥法,青草中的养分可以保存90%~95%,产品质量也最好。

五、打浆

可将采集的青绿多汁饲料洗净、切碎后放入打浆机内打成青草浆,然后与其他饲料(如麸皮、玉米等)拌在一起饲喂,这样有利于鹅的采食、消化和吸收。最好是用时及时打浆及时饲喂。

技能训练

识别和选择优质饲料原料。

【目的要求】对所提供的饲料标本或实物能正确识别,能认识和描述其典型感官特征,并能正确分类。

【训练条件】

1. 能量饲料、蛋白质饲料、矿物质饲料、饲料添加剂等饲料实物。

2. 饲料、挂图、幻灯片、录像片。

3. 瓷盘、镊子、放大镜、体视显微镜等。

【操作方法】

(一)操作步骤

1. 结合实物、挂图、标本、幻灯片或录像片,借助放大镜或体视显微镜,识别各种饲料并描述其典型特性。

2. 了解上述各种饲料的主要营养特性和使用方法。

(二)感观检测的方法

所谓感观检测就是指通过感观(嗅、视、尝、触),以及借助基本工具(如筛子、放大镜)所进行的一般性外观检测。

1. 视觉

观察饲料的形状、色泽、有无霉变、虫子、结块、异物掺杂物等。

2. 味觉

通过舌舔和牙咬来检查味道。但应注意不要误尝对人体有毒的有害物质。

3. 嗅觉

通过嗅觉来鉴别具有特征气味的饲料；并察看有无霉臭、腐臭、氨臭、焦臭等。

4. 触觉

取样在手上，用手指头捻，通过感触来觉察其粒度的大小、硬度、黏稠性、滑腻感、有无夹杂物及水分的多少。

5. 筛

使用 8 目、16 目、40 目的筛子，测定混入的异物及原料或成品的大约粒度。

6. 放大镜

使用放大镜（或实体显微镜）鉴定内容与视觉观察的内容相同。

（三）饲料镜检的基本步骤

1. 将立体显微镜设置在较低的放大倍数上，调准焦点。

2. 从制备好的样品中取出部分撒在培养皿上，置于立体显微镜下观察。从粗颗粒开始并且从培养皿的一端逐渐往另一端看，对观测有促进作用。

3. 观测立体显微镜下的试样，应把多余和相似的样品组分拨分到一边，然后再观察研究以辨认出某几种组分。

4. 调到适当的放大倍数，审视样品组分的特点以便准确辨别。

5. 通过观察样品的物理特点，如颜色、硬度、柔性、透明度、半透明度、不透明度和表面组织结构，鉴别饲料的结构。所以，检测者必须练习、观察并熟记物理特点。

6. 不是饲料原料的额外试样组分，若量小称之为杂质，若量大则称之为掺杂物。

鉴定步骤应依具体样品进行安排，并非每一样品均需经过以上所有步骤，仅以能准确无误完成所要求的鉴定为目的。

【考核标准】

对所提供饲料原料能熟练进行感官检验及显微镜检查，并具体描述。

思考与练习

1. 鹅常用的饲料种类有哪些？各有什么特点？

2. 分别说说选择玉米、豆粕、鱼粉等饲料原料的质量标准。

3. 如何对青绿饲料或牧草进行打浆和青贮？

第三章　不同阶段鹅的饲养管理要点

1. 了解雏鹅育雏季节的选择，掌握雏鹅的饲喂方法。

2. 了解肥育鹅选择方法。

3. 掌握育肥鹅进行分群饲养的方法。

4. 熟练掌握鹅的活拔羽绒技术。

5. 熟练掌握鹅肥肝生产技术。

6. 了解后备种鹅的选择方法。

7. 掌握后备种鹅的饲养管理方法。

8. 掌握种鹅的饲养管理要点。

技能要求

1. 能熟练操作鹅的活拔羽绒技术。

2. 能熟练掌握鹅肥肝生产技术。

3. 能为种鹅做好产蛋前的准备。

第一节 雏鹅的饲养管理要点

一、什么是雏鹅

雏鹅是指孵化出壳后至 4 周龄或 1 月龄的小鹅。雏鹅的培育是养鹅生产中非常重要的基础环节，雏鹅培育的成功与否，直接影响着雏鹅的生长发育和成活率，继而影响育成鹅的生长发育和生产性能，更进一步对以后种鹅的繁殖性能有一定的影响。因此在养鹅生产中一定要高度重视雏鹅的培育工作，培育出生长发育快、体质健壮、成活率高的雏鹅，为养鹅生产打下良好基础。雏鹅的这一饲养阶段称为育雏期，该阶段的成活率称为育雏率。

二、雏鹅有哪些生理特点

要培育好雏鹅，提高雏鹅的成活率，首先必须了解雏鹅的生理特点，这样才能施以相应的、合理的饲养管理措施。

（一）体温调节机能不完善

初生雏鹅体温调节机能尚未健全，对环境温度变化的适应能力较差，雏鹅在 7 日龄内体温较成鹅低 3℃，在 21 日龄内调节体温的生理机能还不完善，主要表现为怕冷、怕热、怕外界环境的突然变化。另外，雏鹅出壳后，全身仅被覆稀薄的绒毛，保温性能差，因此对外界温度的变化缺乏自我调节能力，特别是对冷的适应性较差。因此，在雏鹅的培育工作中，要为其创造适宜的外界温度环境，保证其生长发育和成活；否则会出现生长发育不良、成活率低甚至大批死亡的现象。雏鹅的培育必须采用人工保温。

（二）生长发育快，新陈代谢旺盛

雏鹅的新陈代谢非常旺盛，早期生长相对迅速。一般中、小型鹅种出壳重在 100 克左右，大型鹅种 130 克左右。20 日龄时，小型鹅种的体重比出壳时体重增长 6~7 倍，中型鹅种增长 9~10 倍，大型鹅种可增长 11~12 倍。肌肉沉积也最快，肌肉率为 89.4%，脂肪为

7.1％。为保证雏鹅的快速生长发育所需的营养物质，必须保证充足的饮水及及时供应含有较高营养水平的日粮和青绿饲料。

（三）消化能力弱

雏鹅消化道容积小，肌胃收缩力弱，消化腺功能差，故消化吸收能力弱。特别是 20 日龄以内的雏鹅，不仅消化道容积小、消化能力差，而且吃下的食物通过消化道的速度比雏鹅快得多，正如群众所说的"边吃边拉"。因此，要多餐少喂，饲喂易消化、营养好的全价配合饲料，以满足雏鹅生长发育的营养需要。

（四）雏鹅喜扎堆

雏鹅在正常育雏温度条件下，仍有扎堆现象（但与低温情况下姿态不一样）。所以在育雏期间应日夜照管。另外，20 日龄内的雏鹅温度稍低就易发生扎堆现象。雏鹅常因受捂压伤，造成大批死亡。受捂小鹅即使不死，生长发育也较缓慢，易成"僵鹅"。因此，雏鹅培育时必须精心管理，控制好饲养密度和温度，防止雏鹅受捂、压伤。

（五）公母鹅生长速度不同

在同样饲养管理条件下，公母鹅生长速度不同，公雏比母雏体重高 5％~25％，饲料报酬也较好。公母雏鹅分开饲养不仅可提高成活率，提高饲料报酬，而且母雏体重也比混饲时的体重增长加快。据报道，公、母雏鹅分开饲养，60 日龄时的成活率要比混合饲养时高1.8％，每千克增重少耗料 0.26 千克，母鹅活体重增加 251 克。所以，育雏时应尽可能做到公、母雏鹅分群饲养，以获得更大的经济效益。

（六）雏鹅抗病力差

雏鹅个体小，多方面机能尚未发育完全，故对外界环境变化适应能力较差，抵抗力和抗病力较弱，容易感染各种疾病，加上育雏期饲养密度较高，一旦感染发病损失严重。因此在日常管理和放水、放牧时要特别注意减少应激，更要做好卫生防疫工作。

三、雏鹅生长应具备的条件

鹅雏生长发育要求良好的环境条件，养好雏鹅除具有健康的雏苗外，外界适宜的温度、湿度、光照、通风换气以及饲养密度等条件都是有严格要求的。

（一）适宜的温度

雏鹅自身调节体温的能力较差，饲养过程中必须控制好不同日龄的温度。雏鹅最适宜的育雏温度是：1~5日龄时为27~28℃，6~10日龄时为24~26℃，11~15日龄时为22~24℃，16~20日龄时为20~22℃，21日龄后可脱温，随环境在15~18℃变化。但是在饲养过程中，育雏温度一般只是参考。除看温度表和通过人的感官估测掌握育雏的温度外，还可根据观察雏鹅的表现来调整。当雏鹅挤到一块，扎堆，采食量下降，则是温度偏低的表现；如果雏鹅表现张口呼吸，远离热源，饮水增加，说明温度偏高。在适宜的温度下，雏鹅均匀分布，静卧休息或有规律地采食饮水，间隔10~15分钟运动1次。育雏期所需温度，可根据日龄、季节及雏鹅的体质情况进行调整。

（二）适宜的湿度

湿度和温度同样对雏鹅的健康有很大影响，而且二者是共同起作用的。在低温高湿时，雏鹅体温散发更快，雏鹅觉得更冷，易感冒、拉稀、扎堆，造成僵鹅、残次鹅或死亡，这是导致育雏成活率下降的主要原因。在高温高湿时，雏鹅体热散发不出去，导致体热在鹅体内蓄积，引起食欲下降甚至热射病，雏鹅抗病力下降，发病率上升。因此，干燥的舍内环境对雏鹅的生长、发育和疾病预防至关重要。做好鹅舍通风工作，并经常打扫卫生、更换垫料，保持较好的温度、湿度。一般将舍内相对湿度控制在60%~70%。

（三）适时地通风换气

雏鹅新陈代谢旺盛，排出大量的二氧化碳，鹅粪便和垫料发酵也会产生大量的氨气和硫化氢气体，使舍内的空气污染严重，影响雏鹅的生长发育。因此，必须对雏鹅舍进行通风换气。夏、秋季节，通风换气工作比较容易进行，打开门窗即可完成；冬、春季节，通风换气和室内保温容易发生矛盾。在通风前，首先要使舍内温度升高2~3℃，然后逐渐打开门窗或换气扇。通风换气时，避免冷空气直接吹到鹅体，更不能有贼风，防止雏鹅受凉感冒。通风时间最好安排在中午前后，避开早晚时间，且通风时间不宜太长，防止舍内温度太低。

（四）适宜的光照

雏鹅的光照要严格按照制定的制度执行。光照不仅对生长速度有利，合理的光照时间不仅可以帮助雏鹅适应环境，也便于雏鹅采食、饮水，满足生长的营养需求。另外光照对鹅的繁殖性能也有较大影响。一般育雏期的光照，在第一天可采用 24 小时光照，以后每 2 天减少 1 小时光照，至 30 日龄左右采用自然光照即可。人工辅助光照时，光线不宜过强，光照强度：0~7 日龄每 15 米^{2}用 1 只 40 瓦的灯泡，8~14 日龄换用 25 瓦的灯泡。高度距鹅背部 2 米左右。

（五）合理的饲养密度

平面饲养时，雏鹅的饲养密度一般为：1~2 周龄 20~35 只 / 米^2，3 周龄 15 只 / 米^2，4 周龄 12 只 / 米^2；随着日龄的增加，密度逐渐减少。合理的饲养密度对雏鹅的健康生长影响较大，饲养密度过小，不利于保温还造成鹅舍的浪费，增加成本；饲养密度过大，雏鹅会拥挤成堆，出现啄羽、啄趾等恶癖，影响雏鹅的生长发育，使鹅群平均体重下降，均匀度降低。

（六）根据条件选择合适的育雏方式

按照给温方式的不同，雏鹅的培育分为自温育雏和人工给温育雏两种方式。按照空间利用方式的不同，分为平面育雏和立体笼式育雏两种方式；其中平面育雏包括地面平育和网上平育两种方式。这些保温方法各有利弊，平面育雏相对成本低廉，尤其是地面平养，网上平养成本稍高，平面育雏通风良好，但舍内面积利用率低，且管理不便；立体笼式育雏可充分利用舍内面积，单位面积养殖数量大且管理方便，但投入成本较高，舍内通风换气稍差，且雏鹅的活动面积有限。实际生产中可根据养殖者当地气候条件和经济条件选择适宜的育雏方式。

四、进雏前做好育雏准备工作

（一）育雏时期的选择

育雏时期要充分考虑利用自然资源，即根据当地的环境气候条件，青绿饲料生长情况和农作物的收割季节；还要依据饲养者的技术水平，鹅舍与设施的条件，特别要考虑市场的供求状况、经济效益等因素综合确定。一般来说，传统养鹅大都是在清明节前后进雏鹅。这时，正是种鹅产蛋的旺季，可以批量孵化；并且气候由冷转暖，育雏较为有利；再者百草萌发，可为雏鹅提供开食吃青的饲料。当雏鹅长到 20 日龄左右时，青饲料已普遍生长，质地幼嫩，能全天放牧。长到 50 日龄左右进入育肥期时，刚好大麦收割，接着是小麦收割，可充分利用麦茬田放牧，进行育肥；到育肥结束时，恰好赶上我国传统节日—端午节上市，价格较高。而两广等南方地区由于冬季气温暖和，易于种植冷季型牧草，可于 11 月前后捉养雏鹅，待育肥结束刚好赶上春节上市。也有少数地方饲养夏鹅的，即在早稻收割前 60 天捉雏鹅，早稻收割时利用稻茬田放牧育肥，开春产蛋也能赶上春孵。饲养条件较好、育雏设施比较完善的大型种鹅场和商品鹅场，可根据生产计划和鹅舍的周转情况全年育雏。

（二）育雏场地、设施的准备、维修

接雏前要对育雏舍进行全面检查，对有破损的墙壁和地板要修补，保证室内无"贼风"入侵，保证舍内干燥、清洁，通风，采光性能完好；检查电源插头、照明用线路、检查灯泡是否完好，检查灯泡设置位置、个数及分布情况，灯泡按每平方米 3 瓦的照度进行安排；安装并检查通风及供暖设备是否能正常运转。育雏室地面最好为水泥地面，以便冲洗消毒。准备好接雏所需的料盆、水盆及其他相关物品。

（三）育雏舍、育雏用具、垫料的准备与消毒

育雏舍在进雏前 3~5 天，应彻底进行清洗消毒，墙壁可用 20% 的石灰水刷新，地面、阴沟、天花板可用 20% 的漂白粉溶液喷洒，消毒后关闭门窗 2 小时，然后敞开门窗，让空气流动，吹干舍内。舍内也可按每平方米福尔马林 30 毫升、高锰酸钾 15 克熏蒸消毒，熏蒸时要关闭育雏舍的通风口及门窗，经密闭 24 小时方可打开通风口。育雏用具如圈栏板、育雏器、食槽、水槽等可用 2%~3% 的氢氧化钠溶液或 0.2% 百毒杀溶液喷洒、浸泡，然后再用清水将育雏用具冲洗干净，防止残留的消毒液腐蚀雏鹅黏膜。垫料可采用干燥、清洁、松软、无霉变的稻草、木屑刨花等，垫料（草）等使用前最好在阳光下暴晒 1~2 天。育雏室出入处应设有消毒池，供进入育雏舍人员随时

进行消毒，防止人员将病原微生物带入鹅舍。

（四）精粗饲料与药品的准备

进雏前还要准备好开食饲料或补饲饲料。一般每只雏鹅 4 周龄育雏期需准备精料 3 千克左右，优质青绿饲料 8~10 千克，要根据雏鹅的饲料数量，认真计算、备足饲料。传统的雏鹅饲料，一般多用小米和碎米，经过浸泡或稍蒸煮后喂给。为使爽口、不黏喙，一般将蒸煮过的小米和碎米用水淘过沥干以后再喂。目前，多喂颗粒状的全价配合饲料时，饲喂效果更好。1~2 周雏鹅的饲料也常用雏鸡料替代。同时要准备雏鹅常用的一些药品，如多维素、土霉素、恩诺沙星、庆大霉素等。如种鹅未免疫，还要准备小鹅瘟疫苗或抗血清、小鹅瘟高免卵黄抗体等预防和治疗用药物。

（五）育雏舍预温

通常在进雏前 12~24 小时开始给育雏舍供热预温，使用地下烟道供热的则要提前 2~3 天开始预温；使用育雏伞给育雏舍供热预温的则要提前 1~2 天开始预温（图 3-1）；地面或炕上育雏的，应铺上一层 1 厘米厚的清洁干燥的垫草，然后开始供暖。雏鹅舍的温度应达到 28~30℃，才能进雏鹅。温度表应悬挂在高于雏鹅生活的地方 5~8 厘米处。并观测昼夜温度变化。

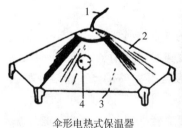

伞形电热式保温器
1.电源线 2.保温伞 3.电热丝 4.温度调节器

图 3-1　用育雏伞为育雏舍升温

五、育雏方式

雏鹅的饲养方式可分为地面平养、网上平养和立体笼养 3 种。

（一）地面平养

地面平养又根据供暖方式的不同可分为地面垫料式、地下烟道式两种。地面垫料式即在干燥的地面上，铺垫洁净而柔软，并经轧段成长短 1 厘米左右的稻草，一般根据气温铺 0.5~1 厘米的厚度，然后采用红外线灯（单个或联合组式）或火炉等其他方式为雏鹅提供所需的育雏温度。地下烟道式，即在育雏舍内或育雏舍地下建立火道，可使用煤或柴草燃烧，提供育雏需要的温度。其优点为保温结构简单、建造方便、成本低廉，适合各种房舍结构，燃料可就地取材，温度相当稳定，保温时间长，成本低廉，舍内无燃烧的烟雾，舍内空气质量好。但是，使用地下烟道保温应注意以下问题。① 烟道升温缓慢，故应在接雏前 2~3 天起火升温；② 1 周龄后，因地面干燥，室内灰尘大，湿度小，易对雏鹅呼吸道造成刺激，应补充空气中湿度；③ 地面垫料不宜太厚，2~3 厘米即可；④ 注意室内空气流通，可在天花板上开出气孔，也可在墙沿开百叶窗。地面平养投资少但单位面积饲养密度低，且要准备充足的垫料，以保证室内温暖、干燥、清洁，劳动强度大。

（二）网上平养

网上平养是在离地 50~60 厘米处，架设育雏网，网下设角铁撑架。网的材料可用金属网、塑料网，也可用竹片，其上铺设细孔塑料网（网眼 1.25 厘米 × 1.25 厘米）或金属网，网上设有育雏保温设施。由于雏鹅在网上，粪便通过网眼落到地下，雏鹅与粪便隔离，减少了鹅体与白痢、球虫等病原微生物的接触概率，降低了感染的概率，减少了雏鹅的发病率。另外，网上平养清粪方便，劳动强度小，便于饲养管理。

（三）笼养

利用鸡的育雏多层笼设备，或自制（材料同网上平养）2~3 层育雏笼对雏鹅进行立体育雏。由于立体式饲养，充分利用空间，提高了单位面积的饲养量。有条件的可采用全阶梯式或半阶梯式笼养，粪便直接落地，提高了饲养效率。这种育雏的方式优点是管理方便，雏鹅感染寄生虫病的概率减少，但是投资较大。

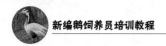

六、雏鹅的饲养管理要点

（一）品种选择

雏鹅应选择体型大，生长发育快，适应性强，耐粗饲，饲料转化率高，饲养周期短，产肉蛋多，产绒量高的大中型品种。大型品种有狮头鹅、埃姆登鹅、图卢兹鹅等；中型品种有皖西白鹅、浙东白鹅、雁鹅、丰城灰鹅等。大型品种鹅饲养 90~100 天时体重可达 6 千克以上，中型品种可达 4 千克以上。一般饲养良种鹅要比饲养土鹅效益高 40%~60%，良种鹅有皖西白鹅、太湖鹅、四川白鹅、长白鹅、浙东白鹅、豁眼鹅、狮头鹅、朗德鹅、溆浦鹅、扬州鹅、隆昌鹅、雁鹅及引进的莱茵鹅等优良品种。养殖户可以根据当地自然条件和当地引进品种和地方品种的特点选定所饲养的品种。

（二）接雏

1. 初生雏鹅的选择

无论是自孵或外购雏鹅，都应在出壳毛干后进行严格选择。选留的种雏应具备该品种的特征（如绒毛、喙、脚的颜色和出壳重）；淘汰那些不符合品种要求的杂色鹅雏。通过"一看、二摸、三听"的方法，大致可鉴别出强弱和优劣，种鹅场更应该进行系谱孵化后，称重并编翅号或蹼号。

2. 初生雏鹅运输

雏鹅一般装箱运输，装雏箱可由硬纸做成规格 120 厘米 ×60 厘米 ×20 厘米，每箱可装运雏鹅 80~100 只，将箱内分成若干个小方格，每格平均分装雏鹅。纸箱的周围留一些通气孔，箱底铺上柔软的垫料如麦麸等；也可选用竹编筐或塑料筐等来运输雏鹅。初生的雏鹅最好在 12 小时内运到育雏舍，远地运输也不应超过 24 小时，以免中途喂饮的麻烦和损失。在运输途中，尽量减少震动，每隔半小时要观察鹅的动态，防止扎堆，针对情况及时处理。

运输装车时，运雏筐（箱）要罗列整齐，适当留出空隙，以便于通风换气，同时还要防止空隙过大，出现箱体滑动。装卸时要小心平稳，避免倾斜。早春运雏时要带御寒的棉被等物件；夏季要携带雨布，并尽可能在早晚较凉爽时运输。运输途中应注意雏鹅动态，如发现过热、过冷或通风不良时应及时采取措施。水运方便的地方，也可以采用水运。

3. 雏鹅的潮口与开食

雏鹅出壳或运回后，应及时分配到育雏舍休息。当70%的雏鹅有啄草或啄手指等觅食现象，首先予以第1次饮水，这是雏鹅饲养的关键。雏鹅出壳后的第1次饮水俗称"潮口"，主要是补充水分，以防休克，同时促进食欲。凡经运输引进的雏鹅，开饮时应先使雏鹅饮用5%~8%葡萄糖水，效果较好。饮完后则改饮清洁温水，不可中断饮水供应。必要时饮水中加入0.05%高锰酸钾，可起到消毒饮用水，预防雏鹅肠道疾病的作用。饮水器内水的深度以3厘米为宜，可把雏鹅的喙浸入水中，让其反复喝水几次，即可学会饮水。

雏鹅第1次喂料，称开食。开食时间一般在出壳后24~36小时进行或在雏鹅开饮后立即开食。适时开食，可以促进胎粪排出，刺激食欲，有助于消化系统功能的逐步完善，也有助于促进生长发育。反之，则影响其生长发育。开食料一般用浸泡过1~2小时的碎米、小米粒或煮熟的小米粒，用清水淋过，使饭粒松散，吃时不黏嘴。最好掺一些切成细丝状的青菜叶，如莴笋、油菜叶等。直接撒在塑料布上，任雏鹅啄食。第一次喂食不要求雏鹅吃饱，达到半饱即可，时间为5~7分钟。过2~3小时后，再用同样的方法调教采食，等所有雏鹅学会采食后，改用食槽、料盘喂料。开食时，一般分6~8次饲喂（夜间喂2~3次）。一般从3日龄开始用全价饲料饲喂，并加喂青饲料。

（三）控制好育雏期温度、湿度、密度

1. 按日龄调控育雏期温度

育雏期间，严禁温度突然变化，从育雏期开食到育雏期结束，温度应严格按照设定的温度控制方法执行。一般雏鹅的保温期为20~30日龄。目前，对于雏鹅育雏期温度的控制主要有自温育雏和人工给温育雏两种方法。一般在华南或华东一带气候较暖，多采用自温育雏，利用鹅体自身散发的热量和一些保温设施，获得较好的温度条件来育雏。在常温15℃以上，可将1~5日龄雏鹅放在围栏内或育雏容器内。直径1米的围栏，每栏可养100~120只。喂料时取出，喂完后

放入保温。5 日龄气温正常时，白天可放在小栏内或中栏内，晚间再变成小栏。至 20 日龄时，白天可改为大栏，晚上改为中栏。通过改变鹅群大小，在育雏器上增减覆盖物、垫料厚度等措施调节温度，达到育雏所需的温度条件。这种育雏方法，设备简单、经济，但是管理麻烦，温度不能相对稳定、精确地控制，因此要实时观察鹅群，防止温度过高或较低。另一种方法人工给温育雏，目前在集约化生产条件下，均实行人工给温育雏，常通过红外线灯、保温伞、烟道等设备提供育雏所需的温度。这种方法温度容易控制，可以按照不同日龄温度需求，进行控制，舍内环境温度变化稳定，但投资较大，费用较高。雏鹅在温度适宜时的表为分布均匀、安静、饮食、粪便、睡眠、活动正常，扎堆现象较少。

雏鹅适时脱温，适时脱温可以增强鹅的体质。过早脱温时，雏鹅容易受凉，而影响发育；保温太长，则雏鹅体质弱，抗病力差，容易得病。雏鹅 4~5 日龄时，体温调节能力逐渐增强。因此，当外界气温高时，雏鹅在 3~7 日龄可以结合放牧与放水的活动，就可以开始逐渐脱温。但在夜间，尤其在凌晨 2~3 点，气温较低，应注意适当加温，以免受凉。冷天在 10~20 日龄，可外出放牧活动。1~20 日龄左右时可以完全脱温。冬季育雏可在 30 日龄脱温。全脱温时，要注意气温的变化，在脱温的头 2~3 天，若外界温度突然下降，也要适当保温，待气温回升后再完全脱温。

2. 控制好育雏期湿度

条件好的鹅舍可在 1~10 日龄保持 60%~65% 的相对湿度，11~21 日龄相对湿度保持在 65%~70%。因此，要加强饲养管理，减少进入鹅舍的水分，注意适时通风，以控制过高的湿度。育雏期温、湿度范围及要求详见表 3-1。

表 3-1 育雏期适宜温、湿度

日龄	温度（℃）	相对湿度（%）	室温（℃）
1~5	28~27	60~65	15~18
6~10	26~24	60~65	15~18
11~15	24~22	65~70	15

（续表）

日龄	温度（℃）	相对湿度（%）	室温（℃）
16~20	22~18	65~70	15
20 以上	脱温（18~15）		

3. 按日龄调控雏鹅饲养密度

雏鹅进入育雏舍后，在每个生长阶段都要根据大小、强弱、采食等情况分群，以调整为合理的饲养密度。合理密度以每平方米饲养 8~10 只雏鹅为宜，每群以 100~150 只为宜。在根据日龄、大小调整饲养密度时，必须按强弱、大小合理进行分群，并将病雏及时挑出隔离，对弱雏加强饲养管理。否则，强鹅欺负弱鹅，会引起挤死、压死、饿死弱雏的事故，生长发育的均匀度将越来越差。一般将弱雏放在温度较高的地方，单独进行饲养，增加高蛋白、高能量饲料，使弱雏尽量赶上大群生长。饲养密度一般 1~5 日龄为 25 只 / 米^2，6~10 日龄 20 只 / 米^2，11~15 日龄 15 只 / 米^2，16~21 日龄 12 只 / 米^2，22~28 日龄 10 只 / 米^2。

（四）选好饲料与饲喂方法

雏鹅的饲料包括精料、青料、矿物质、维生素和添加剂等，刚出壳的雏鹅消化器官的功能没有发育完全，因此不但需要饲喂营养丰富、易于消化的全价配合饲料，还需优质的青绿饲料。在现代集约化养鹅中多喂以全价配合饲料。3 周龄内的雏鹅，日粮中营养水平应按饲养标准配制。1~21 日龄的雏鹅，日粮中粗蛋白质水平为 20%~22%，代谢能为 11.30~11.72 兆焦 / 千克；28 日龄起，粗蛋白质水平为 18%，代谢能约为 11.72 兆焦 / 千克。饲喂颗粒料较粉料好，因其适口性好，不易黏喙，浪费少。喂颗粒饲料还比喂粉料节约 15%~30% 的饲料。

饲喂方法应采用"先饮后喂，定时定量，少给勤添，防止暴食"的原则。2~3 日龄雏鹅，每天喂 6 次，日粮中精饲料占 50%；4~10 日龄时，消化力和采食力增加，每天饲喂 8~9 次，日粮中精饲料占 30%；11~20 日龄，以食青饲料为主，开始放牧，每天喂 5~6 次，日粮中精饲料占 10%~20%；21~28 日龄，放牧时间延长，每天喂 3~4

次。3 日龄后适当补饲沙砾，添加量应在 1% 左右，以帮助消化。从 11 日龄起可开始适度放牧，饲料以青绿饲料为主，精饲料逐步从熟喂过渡为生喂。

实践证明，喂给富含蛋白质日粮的雏鹅生长快、成活率高，比喂给单一饲料的雏鹅可提早 10~15 天达到上市出售的标准体重。

（五）做好雏鹅的放牧和游水工作

雏鹅要适时开始放牧游泳，放牧能使雏鹅提早适应外界环境，促进新陈代谢，增强抗病力，提高经济效益。放牧游泳的时间应随季节、气候而定。春末至秋初气温较高时，雏鹅出壳后 5~6 天即可开始放牧游泳；天冷的冬、春季节，可推迟到 10~20 日龄开始。雏鹅身上仅长有绒毛，对外界环境的适应性不强。雏鹅从舍饲转为放牧，必须循序渐进。刚开始放牧应选择无风晴天的中午，把鹅赶到棚舍附近的草地上进行，时间 20~30 分钟，以后放牧时间逐渐延长。每天上午、下午各放牧一次，上午放鹅的时间要晚一些，以草上的露水干了以后放牧为好，一般在 8:00 —10:00 为好；下午要避开烈日暴晒，一般以 15:00 —17:00 为好。

初次放牧以后，只要天气好，就要坚持每天放牧，并随日龄的增加而逐渐延长放牧时间，加大放牧距离，相应减少喂青料次数。到 20 日龄后，雏鹅已开始长大毛的毛管，即可全天放牧，只需夜晚补饲 1 次。

为了保证放牧效果，要掌握放牧技巧，即对鹅群进行合理的组织和调训，使鹅听从放牧员的指令。要使鹅听从指挥，必须从小训练，关键在于让鹅群熟悉"指挥信号"和"语言信号"，选择好"头鹅"（带头的鹅）。如果用小红旗或彩棒作指挥信号，在雏鹅出壳时就应让其看到，以后在日常饲养管理中都用小红旗或彩棒来指挥。旗行鹅动，旗停鹅止，并与喂食、放牧、收牧、下水行为等逐步形成固定的"语言信号"，形成条件反射。头鹅身上要涂上红色标志，便于寻找。放牧只要综合运用"指挥信号"和"语言信号"，充分发挥头鹅的作用，就能对鹅做到招之即来，挥之即去。另外，放牧员要固定，不宜随便更换。

放牧应选择距离育雏舍较近，道路平坦，青草鲜嫩、水源充足的场地进行。最好不要在公路两旁和噪声较大的地方放牧，以免鹅群受到惊吓。

放牧鹅群的大小和组织结构直接影响着鹅群的生长发育和群体整齐度，放牧的雏鹅群以300~500只为宜，最多不要超过600只，由2位放牧员负责，前领后赶。同一鹅群的雏鹅，应该日龄相同，大小均匀，否则大的鹅走得快，小的鹅走得慢，难以合群，不便管理。鹅群太大不好控制，在小块放牧地上放牧常造成走在前面的鹅吃得饱，落在后面的鹅吃不饱，影响生长发育的均匀度。

加强放牧管理。放牧前要仔细观察鹅群，留下病、弱和精神不振的鹅，出牧时点清鹅数。对放牧雏鹅要缓赶慢行，禁止大声吆喝和紧追猛赶，防止惊鹅和跑场。阴雨天和大风天不要放牧，雨后要等泥地干到不黏脚时才能出牧。平时要注意收听天气预报和观察天气变化，避免鹅群受烈日暴晒和风吹雨淋。放牧时要观察鹅群动态，待大部分鹅吃饱后，再让其下水活动；一段时间后将其赶上岸蹲地休息，蹲地休息时要定时驱动鹅群，以免睡着受凉；待到大部分雏鹅因饥饿而躁动时，再继续放牧，如此反复。

鹅放牧中常用吃几个"饱"来表示采食状况，所谓吃饱，是指鹅采食青草后，食道膨大部逐渐增大、突出，当发胀部位达到喉头下方时，即为1个饱。随着日龄的增长，先要让鹅逐步达到放牧能吃饱，再往后争取达到1天多吃几个饱。收牧时，要让鹅群洗好澡，并点清鹅数，再返回育雏室。对没有吃饱的雏鹅要及时给予补饲。

（六）做好育雏期雏鹅的疫病预防工作

雏鹅时期是鹅最容易患病的阶段，搞好卫生防疫工作对提高雏鹅的成活率，保证健康十分重要。

1. 做好疫苗接种工作

小鹅瘟是雏鹅阶段危害最严重的传染病，常常造成雏鹅的大批死亡。购进的雏鹅，首先要确定种鹅是否用小鹅瘟疫苗免疫。种鹅在开产前1个月接种，可保证半年内所产种蛋含有母源抗体，孵出的小鹅不会得小鹅瘟。如果种鹅未接种，可对3日龄雏鹅皮下注射10倍稀释的小鹅瘟疫苗0.2毫升，1~2周后再接种1次；也可不接种疫苗，对刚出壳的雏鹅注射高免血清0.5毫升或高免蛋黄1毫升。另外，根据种鹅免疫情况和当地鹅病发生、流行情况，做好鹅副黏病毒病、雏鹅新型病毒性肠炎、鹅巴氏杆菌病、鹅大肠杆菌病等的防治。

2．做好环境卫生消毒工作

育雏舍门口设消毒间和消毒池。定期对雏鹅、鹅舍及用具用百毒杀、新洁尔灭等药物进行喷雾消毒。

第二节　中鹅的饲养管理要点

一、什么是中鹅

中鹅，俗称仔鹅，又称青年鹅或育成鹅，是指从4周龄起到选入种用或转入肥育时为止的鹅。对于中、小型品种来说，就是指4周龄以上至70日龄左右的鹅（品种之间有差异）；大型品种，如狮头鹅则是指4周龄至90日龄的鹅。其后，留作种用的中鹅称为后备种鹅，不能作种用的转入育肥群，经短期育肥食用，即所谓肉用仔鹅。这一阶段是肉鹅骨骼、肌肉和羽毛生长最快的时期，该阶段生长发育得好坏，与上市肉用仔鹅的体重、未来种鹅的质量有密切的关系。为适应这些特点，需要加强仔鹅饲养管理，为选留种鹅或转入育肥鹅打下良好基础。

二、中鹅的生理特点

（一）生长速度迅速

中鹅的消化道容积增大，消化能力增强，能显著提高饲料的转化率，生长速度迅速，一般9~10周龄体重即可达3千克以上，可上市出售。因此，肉用仔鹅生产具有投资少、收益快、获利多的优点。

（二）能大量利用青绿饲料

鹅是最能利用青绿饲料的家禽。无论以舍饲、圈养或放牧方式饲养，其生产成本费用均较低。特别是在我国南方地区气候温和，雨量充沛，青绿饲料可全年供应，为放牧养鹅提供了良好的自然条件。近几年来，一些地区通过种植优良牧草养鹅，也取得了显著的经济效益，推动了我国养鹅业的迅速发展。

（三）生产具有明显的季节性。

这是由于鹅的繁殖季节性所造成的。虽然采用光照控制可以使鹅全年有两个产蛋周期，但主要繁殖季仍为冬、春季节。光照控制必须在密闭的种鹅舍中进行，广泛采用尚有一定困难。因此，肉用仔鹅的生产多集中在每年的上半年。当前或在相当长一段时间内，我国南方放牧饲养生产肉用仔鹅仍占有很大比重，其上市旺期每年 5 月才开始。因此，每年上半年是肉用仔鸭上市的淡季，却正是肉用仔鹅产销的旺季，这就为肉用仔鹅生产及加工产品提供了极为有利的销售条件。

三、中鹅的饲养方式

鹅的饲养，主要有 3 种形式，即放牧饲养、放牧与舍饲结合、关棚饲养（即舍饲）。从我国当前养鹅业的社会经济条件和技术水平来看，采用放牧补饲方式，小群多批次生产肉用仔鹅更为可行。这种形式所花饲料与工时最少，经济效益好。

四、中鹅的饲养管理要点

（一）放牧饲养

1. 放牧时间

春、秋季雏鹅到 10 日龄左右，气温暖和，天气晴朗时可在中午放牧，夏季时可提前到 5~7 日龄。首次放牧 1 小时左右，以后逐步延长，到 30~40 日龄可采用全天放牧，并尽量早出晚归。放牧时，放水时间可由最初的 15 分钟逐渐延长到 0.5~1 小时，每天 2~3 次，再过渡到自由嬉水，直至整个上下午都在放牧，但中午要回棚休息 2 小时。放牧时间的掌握原则是：天热时上午要早出早归，下午要晚出晚归；天冷时则上午晚出晚归，下午早出早归。

2. 放牧场地的选择

放牧场地要有鹅喜欢采食的、丰富优质的牧草。鹅喜爱采食的草类很多，一般只要无毒、无刺激、无特殊气味的草都可供鹅采食。放牧地要开阔，可划分成若干小区，有计划地轮牧。放牧地附近应有湖泊、小河或池塘，使鹅有清洁的饮用水和洗浴及清洗羽毛的水源。放牧地附近应有荫蔽休息的树林或其他遮阴物（如搭临时阴棚）。农作物收割后的茬地也是极好的放牧场地。选择放牧场地时还应注意了解其附近的农田有无喷过农药，若使用过农药，一般要 1 周后才能在附近放牧。另外，放牧时鹅群所走的道路应比较平坦。

3. 合理的放牧鹅群

放牧时根据放牧人员的经验和放牧场地的情况，合理确定鹅群，一般 100~200 只一群，由一人放牧；200~500 只一群时，可由 2 人放牧；放牧地开阔时可扩大到 500~1 000 只，由 2~3 人管理。放牧时应注意观察鹅采食情况，待大多数鹅吃到 7~8 成饱时应将鹅群赶入池塘或河中，让其自由饮水、洗浴。但不同品种、不同年龄的鹅要分群管理，以免在放牧中大欺小、强凌弱，影响个体发育和鹅群均匀度。不同羽色的仔鹅应分开放牧，切勿混群放牧。另外在放牧过程中防止其它动物、有鲜艳颜色的物品、喇叭声等的突然出现引起惊群；避免在夏天炎热的中午、闷热的天气放牧防中暑；放牧时驱赶鹅群速度要慢，防止鹅被践踏致伤；时时观察放牧场地，如有农药气味的茬地或凡用过农药的牧地，绝不可牧鹅，防止中毒；大暴雨等恶劣天气条件下严禁放牧。

4. 放牧鹅的补饲

放牧场地条件好，有丰富的牧草和收割后的遗谷可吃，采食的食物能满足生长的营养需要，则可不补饲或少补饲。放牧场地条件较差，牧草贫乏，又不在收获季节放牧，营养跟不上生长发育的需要，或者肩、腿、背、腹正在脱落旧毛、长出新羽时，就要做好补饲工作。补饲时间通常安排在中午或傍晚。补饲时加喂青饲料和精饲料，每天加喂的数量及饲喂次数可根据体重增长和羽毛生长来决定。

（二）全舍饲饲养

全舍饲饲养又称关棚饲养（图 3-2），即采用专用鹅舍，应用全价配合饲料饲养。日粮中代谢能 11.7 兆焦 / 千克，粗蛋白质 18%，粗纤维 6%，钙 1.2%，磷 0.8%。全舍饲鹅生长速度较快，但饲养成本较高。全舍饲养法也是鹅放牧后期快速育肥的一种方法。舍饲育肥时，应喂给碳水化合物的饲料，育肥期约 1 周。鹅的育肥也可采用强制的办法，分人工填饲和机器填饲两种。

全舍饲时尤其要注意鹅舍清洁、干燥，经常清洗饲槽、饮具，并定期消毒，经常更换垫草，同时做好疫病防治和疫苗接种工作。每天喂 5~6 次，每次间隔时间相等。国外的全舍饲饲养采用笼养肉用仔鹅，严格限制鹅只运动，饲养效果很好。

图 3-2　中鹅的舍饲（网上平养）

（三）做好转群和出栏工作

通过中鹅阶段认真的放牧和严格的饲养管理，充分利用放牧草地和田间遗留的谷粒穗，在较少的补饲条件下，中鹅就可以有较好的生长发育，一般长至 70~80 日龄时，体重就可以达到选留后备种鹅的要求。选留的合格后备种鹅可转入后备种鹅群，继续进行培育；不符合种用条件的仔鹅和体质瘦弱的仔鹅，应及时转入育肥群，进行肉用仔鹅育肥。达到出栏标准体重的仔鹅可及时上市出售。

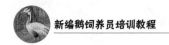

第三节　肥育仔鹅的饲养管理要点

一、肥育鹅选择

中鹅饲养期结束时，选留种鹅剩下的鹅为肥育鹅群或选择育肥期短、饲养成本低、经济效益高的鹅种。适于肥育的优良鹅种有狮头鹅、四川白鹅、皖西白鹅、溆浦鹅、莱茵鹅等为主的肉用型杂交仔鹅品种，这些鹅生长速度快，75~90 日龄的鹅育肥体重达 7.5 千克，成年公、母鹅体重均在 10 千克以上，最重达 15 千克。选择作肥育的鹅要选鹅头大、脚粗、精神活泼、羽毛光亮、两眼有神、叫声洪亮、机警敏捷、善于觅食、挣扎有力、肛门清洁、健壮无病、70 日龄以上的中鹅作肥育鹅。新从市场买回的肉鹅，还需在清洁水源放养，观察 2~3 天，并投喂一些抗生素和注射必要的疫苗进行疾病的预防，确认其健康无病后再进行育肥。

二、将选择好的育肥鹅分群饲养

为了使育肥鹅群生长齐整、同步增膘，须将大群分为若干小群。分群原则是，将体型大小相近、采食能力相似的混群，分成强群、中等群和弱群 3 等，在饲养管理中根据各群实际情况，采取相应的技术措施，缩小群体之间的差异，使全群达到最高生产性能，一次性出栏。

三、分群后适时驱虫

鹅体内外的寄生虫较多，如蛔虫、绦虫、吸虫、羽虱等，应先进行确诊。育肥前要进行一次彻底驱虫，对提高饲料报酬和肥育效果极有好处。驱虫药应选择广谱、高效、低毒的药物。可口服丙硫苯咪唑 30 毫克 / 千克体重，或盐酸左旋咪唑 25 毫克 / 千克体重，以提高肥育期的饲料报酬和肥育效果。

四、育肥方法选择

肉用仔鹅育肥的方法很多，主要包括放牧加补饲育肥法、自由采食育肥法、填饲育肥法等。在肉用仔鹅的育肥阶段，要根据当地的自然条件和饲养习惯，选择成本低且育肥效果好的方式。

（一）放牧加补饲育肥法

放牧加补饲是最经济的育肥方法。根据肥育季节的不同，放牧野草地、麦茬地、稻田地，采食草籽和收割时遗留在田里的麦粒谷穗，边放牧边休息，定时饮水。如果白天吃的籽粒很饱，晚上或夜间可不必补饲精料。如果肥育的季节赶到秋前（籽粒没成熟）或秋后（放茬子季节已过），放牧时鹅只能吃青草或秋黄死的野草，那么晚上和夜间必须补饲精料，能吃多少喂多少，吃饱的鹅颈的右侧可出现一假颈（嗉囊膨起），吃饱的鹅有厌食动作，摆脖子下咽，喙头不停地往下点。补饲必须用全价配合饲料，或压制成颗粒料，可减少饲料浪费。补饲的鹅必须饮足水，尤其是夜间不能停水。放牧育肥必须充分掌握当地农作物的收割季节，事先联系好放牧的茬地，预先育雏，制定好放牧育肥计划。

（二）填饲育肥法

采用填鸭式肥育技术，俗称"填鹅"，即在短期内强制性地让鹅采食大量的富含碳水化合物的饲料，促进育肥。此法育肥增重速度最快，只要经过 10 天左右就可达到鹅体脂肪迅速增多、肉嫩味美的效果，填饲期以 3 周为宜，育肥期能增重 50%~80%。如可按玉米、碎米、甘薯面 60%，米糠、麸皮 30%，豆饼（粕）粉 8%，生长素1%，食盐 1% 配成全价混合饲料，加水拌成糊状，用特制的填饲机填饲（图 3-3）。具体操作方法是：由 2 人完成，一人抓鹅，一人握鹅头，左手撑开鹅喙，右手将胶皮管插入鹅食道内，脚踏压食开关，一次性注满食道，一只一只慢慢进行。如没有填饲机，可将混合料制成 1~1.5 厘米、长 6 厘米左右的食条，俗称"剂子"，待阴干后，用人工填入食道中，效果也很好，但费人工，适于小批量肥育。其操作方法是，填饲人员坐在凳子上，用膝关节和大腿夹住鹅身，背朝人，左手把鹅喙撑开，右手拿"剂子"，先蘸一下水，用食指将"剂子"，填入食道内，每填 1 次用手顺着食道轻轻地向下推压，协助"剂子"下移，每次填 3~4 条，以后增加直至填饱为限。开始 3 天内，不宜填得太饱，每天填 3~4 次。以后要填饱，每日填 5 次，从早 6 点到晚 10 点，平均每 4 小时填 1 次。填饲的仔鹅应供给充足的饮水。每天傍晚应放水 1 次，时间约半小时，可促进新陈代谢，有利消化，清洁羽毛，防止生羽虱和其他皮肤病。

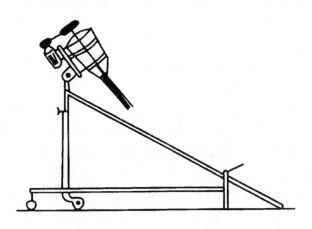

图 3-3　电动填饲机（填饲颗粒玉米）

1. 机架；2. 电动机；3. 饲料斗；4. 电动开关；5. 滑道；6. 坐凳

每天应清理圈舍 1 次，如使用褥草垫栏，则每天要用干草更换。若用土垫，每天须添加新的干土，7 天要彻底清除 1 次。

（三）自由采食育肥法

有围栏栅上育肥和地上平面加垫料育肥两种方式，均用竹竿或木条隔成小区，料槽和水槽设在围栏外，鹅伸出头来自由采食和饮水。

1. 围栏栅上育肥

距地面 60~70 厘米高处搭起栅架，栅条距 3~4 厘米，也可在栅条上铺塑料网，网眼大小为 1.5 厘米 ×1.5 厘米至 3 厘米 ×3 厘米。鹅粪可通过栅条间隙漏到地面上，便于清粪还不致卡伤鹅脚。这样栅面上可保持干燥、清洁的环境，有利于鹅的肥育。育肥结束后一次性清理。

为了限制鹅的活动，棚架上用竹木枝条编成栅栏，分别隔成若干个小栏，每小栏以 10 米^{2}为宜，每平方米养育肥鹅 3~5 只。栅栏竹木条之间距离以鹅头能伸出觅食和饮水为宜，栅栏外挂有食槽和水槽，鹅在两竹木条间伸出头来觅食、饮水。饲料配方（%）采用：玉米 35、小麦 20、米糠 20、油枯 10、麦麸 10、贝壳粉 4、骨粉 0.5、食盐 0.5。日喂 3 次，每次喂量以吃饱为止，最后 1 次在晚间 10 时喂饲，每次喂食后再喂些青饲料，并整天供给清洁饮水。

2. 栏饲育肥

用竹料或木料做围栏，按鹅的大小、强弱分群，将鹅围栏饲养，栏高 60~70 厘米，以减少鹅的运动，每平方米可饲养 4~6 只。饲槽和饮水器放在栏外，围栏留缝隙让鹅头能伸出栏外采食饮水。饲料要求多样化，精、青配合，精料（%）可采用：玉米 40、稻谷 15、麦麸 19、米糠 10、菜枯 11、鱼粉 3.5、骨粉 1、食盐 0.5，最好再加入硫酸锰 0.019，硫酸锌 0.017，硫酸亚铁 0.012，硫酸铜 0.002，碘化钾 0.000 1，氯化钴 0.000 1，混匀喂服。饲料要粉碎，最好制成颗粒料，并供足饮水。每天喂 5~6 次，喂量可不限，任鹅自由采食、饮水，充分吃饱喝足。同时保证鹅体清洁，圈舍干燥，每周全舍清扫 1 次。在圈栏饲养中特别要求鹅舍安静，不放牧，限制活动，但隔日可让鹅水浴 1 次，每次 10 分钟，以清洁鹅体。出栏时实行全进全出制，彻底清洗消毒圈舍后再育肥下一批肉鹅。

选择最佳的出栏期能够提高肉鹅的养殖效益。选择最佳出栏期，主要应考虑饲料利用效果、育肥膘情和市场价格等综合因素。

第四节　鹅的活拔羽绒技术

活拔羽绒是在不影响产肉、产蛋性能的前提下，拔取鹅活体的羽绒来提高经济效益的一项生产技术。

一、活拔羽绒的优点

活拔羽绒是根据鹅羽绒的再生性和自然脱落性，利用人工技术从活鹅身上拔取羽绒，以改变过去一次性宰杀烫褪取毛的方法，使羽绒产量成倍增长。

人工活拔的羽绒飞丝少、含杂质少、蓬松度高、无硬梗、柔软性好、色泽纯正、品质优良，最适合加工制作高级羽绒制品。

二、活拔羽绒的适宜时期

后备鹅 90~120 日龄羽绒长齐，可进行第一次拔羽绒，之后一般间隔 45 天拔一次。成年公鹅可常年拔羽 7~8 次。

三、活拔羽绒鹅的品种及年龄

1. 品种

各品种鹅都可活拔羽绒，但以肉用品种更为适宜，因为肉用品种鹅体型大、产毛多。适宜活拔羽绒的品种有四川白鹅、皖西白鹅、浙东白鹅、溆浦鹅、雁鹅和狮头鹅等。

2. 羽色

各种羽色的鹅均可活拔羽绒，但以白色为佳，因为白色羽绒经济价值高，有色羽价格低。

3. 年龄

饲养 5 年以上的老鹅不宜用来活拔羽绒，因为这种老鹅生产力低，新陈代谢弱，羽绒再生力差，即使用来拔羽绒，因羽绒生产周期长，产量少，质量低，经济效益不高。

4. 体质

体质健壮的鹅，新陈代谢旺盛，抗病力强，羽绒拔取后再生快，产量高，品质好；体弱有病的鹅，抗病力差，拔取羽绒后，易感染各种疾病，有时甚至会引起死亡，不宜活拔羽绒。

5. 换羽

换羽期间的鹅因血管非常丰富，含绒量少，又极易拔破皮肤，所以处于换羽期的鹅不宜拔羽绒。

6. 其他因素

整只出口的肉鹅因活拔羽绒有可能损伤某些部位的皮肤，留下斑痕，影响胴体质量，所以整只出口的肉鹅不宜活拔羽绒。

四、活拔羽绒鹅的种类

1. 商品鹅

商品仔鹅上市前或强制填肥肝前拔羽绒 1 次。

2. 后备种鹅

选留的后备种鹅在 90~100 日龄羽绒长齐时进行第一次拔羽绒。

3. 种鹅休产期

无论是后备鹅还是休产鹅，都应掌握好最后一次活拔羽绒的时间，与母鹅开始进入产蛋期之间至少应有 50 天左右的时间间隔，以便让母鹅有充分的时间补充营养，恢复体力，长齐羽毛，不致使母鹅的繁殖性能受到影响。

从绒羽长度和拔绒量等综合指标评定，拔羽间隔时间 45~50 天（饲养管理条件好的间隔 45 天）为宜，这时羽绒基本生长成熟，羽绒质量好，产绒量高。

拔羽时间间隔过短，拔羽绒量少，绒羽质量差，但是过分拉长时间间隔，又会降低拔羽次数，造成总拔羽绒量的减少，在后备种鹅和种鹅休产期拔羽绒 2~3 次为宜。

4. 产蛋期

在产蛋期拔羽绒会影响种鹅产蛋，因此在产蛋期不能活拔羽绒。

5. 淘汰鹅

淘汰种鹅先拔羽绒后再育肥上市。

五、活拔鹅羽绒的操作

（一）活拔羽绒的准备

1. 天气选择

雨天或气温降低时拔羽绒容易诱发鹅生病，不利于鹅恢复，所以最好选择在晴朗天气拔羽绒。

2. 场地选择

场地应背风，以免拔下的羽绒被风吹得四处飞扬，还应保持清洁卫生，无灰尘，最好在水泥地面的室内进行，若无上述条件，也可在地面铺垫塑料膜，以防止羽绒飞散到地面受尘土污染。

3．用品准备

装毛绒的塑料袋；拔羽绒过程中发生皮肤破伤时要用的红药水、药棉和酒精；给鹅灌服52°白酒；操作人员的围裙或工作服、口罩、帽子等。

4．停食停水

活拔羽绒的前1天应停食，只供给饮水；活拔羽绒的当天应停止饮水，以防粪便污染羽绒和操作人员的衣服。

5．清洗鹅体

对羽绒不清洁的鹅，在拔羽绒的前一天应让其戏水或人工清洗，去掉鹅身上的污物，对羽毛湿淋淋的鹅，要待羽绒干后再拔取。

6．灌服白酒

鹅在第一次活拔羽绒时常产生恐惧感，在拔羽绒前10分钟用注射器套塑料胶管将白酒注入鹅的食道，根据鹅的体重每只灌服10~15毫升，可使鹅保持安静，毛囊扩张，皮肤松弛，拔取容易。

（二）活拔羽绒的操作方法

1．鹅只的保定

（1）双腿保定　操作者坐在凳子上，用绳捆住鹅的双脚，将鹅头朝操作者，背置于操作者腿上，用双腿夹住鹅只，然后开始拔毛。此法容易掌握，较为常用。

（2）卧地式保定　操作者坐在凳子上，右手抓鹅颈，左手抓住鹅的两脚，将鹅伏着横放在操作者前的地面上，左脚踩在鹅颈肩交界处，然后活拔。此法保定牢靠，但掌握不好，易使鹅受伤。

（3）半站立式保定　操作者坐在凳子上，用手抓住鹅颈上部，使鹅呈站立姿势，用双脚踩在鹅只两脚的趾和喙上面（也可踩鹅只的两翅），使鹅体向操作者前倾，然后开始拔毛。此法比较省力、安全。

（4）专人保定　一人专做保定，一人拔毛，此法操作最为方便。

2．活拔部位

除头、双翅及尾以外的其他部位都能拔取。

3．活拔的操作

拔羽的顺序是先胸腹部，经颈下转向两肋，然后背部。可先拔片羽后拔绒羽，也可混合拔。

以拇指、食指和中指捏住羽绒拔，用力要均匀，迅猛快速，所捏羽绒宁少勿多，拔片羽时 1 次拔 2~3 根为宜。拔绒朵时，手指要紧贴皮肤，捏住绒朵基部拔，以免拔断而成为飞丝，降低绒羽的质量。

拔羽方向顺拔和逆拔均可，但以顺拔为主，因为鹅的毛片大多数是倾斜生长的，顺拔不会损伤毛囊组织，有利于羽绒再生。所拔部位的羽绒要尽可能拔干净，要防止拔断而使羽干留在鹅只皮肤内，影响新羽绒的长出，减少拔羽绒量。

六、活拔羽绒后的饲养管理

活拔羽绒对鹅体是一个很强的外界刺激，常常引起生理机能的暂时紊乱，如精神不佳、站立不稳、愿站不愿睡、胆小怕人、食欲减退等。为保证鹅的健康，使其尽早恢复羽绒的生长，要创造良好的环境条件，加强饲养管理。

① 鹅在活拔羽绒后皮肤裸露，3 天内不要让其在阳光下暴晒。

② 由于身体没有羽绒保护，5~7 天不要让鹅下水，如皮肤破伤，应待伤口愈合后再下水。

③ 活拔羽绒后的公母鹅应分开饲养，以防交配时公鹅踩伤母鹅。

④ 舍内应保持清洁，干燥防湿，最好铺以柔软干净的垫料。

⑤ 夏季要防止蚊虫叮咬，冬季注意保暖防寒。

⑥ 为了加快羽绒的生长，拔羽绒后的最初一段时间内应多喂一些精料。

⑦ 若在饲料中加入 1%~2% 的水解羽毛粉等富含硫氨基酸的蛋白质饲料，则能更好地满足羽毛生长所需的营养物质。

第五节　鹅肥肝生产

一、肥肝生产鹅的选择

鹅肥肝是用 3 月龄左右，生长发育良好的肉用鹅，在肥育后期用超额的高能量饲料进行一段时间人工强制催肥后所生产的脂肪肝。通常情况下，鹅肝重 50~100 克，但鹅肥肝重可达 700~900 克，最高达 1 800 克。肥肝生产鹅选择体型大的品种，以保证肥肝的重量和质量，如法国的朗德鹅是比较理想的品种。我国鹅种资源丰富，尤以狮头鹅、溆浦鹅为好。为了提高鹅肥肝的生产潜力，通常采用肥肝性能好的大型鹅品种作父本，用产蛋多的小型鹅品种作母本杂交，杂种鹅生长发育快，适应性增强，有利于肥肝的生产。

二、肥肝鹅预饲期饲养管理

肉用仔鹅通过选择，经过驱虫和预防接种后，转入预饲期的饲养。预饲期长短应根据品种大小、体重情况、日龄大小和生长均匀度灵活掌握，整齐度高、体况好的可短些。一般为 2~3 周。

（一）预饲期的饲养

预饲期喂给高能量饲料，促进鹅的生长发育，使鹅群迅速增加体重，使其肝细胞建立贮存脂肪的能力，具有良好体况适应填饲。预饲期的饲料：含碳水化合物丰富的黄玉米、碎米占 70%~80%，豆饼或花生饼占 25%~30%，有条件的可加入 0.2% 的蛋氨酸。每天早、中、晚 3 次定时饲喂，自由采食，每只采食量在 200~240 克。预饲期以自由采食青绿饲料为主，促进消化道柔软部膨大，以便强饲期能填入大量饲料。同时还要注意饮水和沙砾的整日供应，以促进消化。

（二）预饲期的管理

预饲期以舍饲为主，逐步减少外出活动和下水时间，上、下午各 1 次，预饲期结束前 3 天停止放牧。使鹅群慢慢习惯于填饲阶段的圈养。在这期间，鹅舍应经常清扫与消毒，保持通风干燥。鹅群按品种、公母分圈饲养，每圈鹅数不超过 30 只为宜。一般饲养密度以 3~4 只 / 米^2 为宜。鹅舍采用暗光线，保持安静，避免一切应激因素，为填饲准备良好的环境条件，并做好疾病防疫工作。

三、肥肝鹅填饲期的饲养管理

（一）填饲期

填饲期是鹅肥肝生产的关键环节。填饲期的长短根据鹅的品种、生理特点、消化能力、肥肝增重规律和外形表现来确定。一般为 3~4

周，大中型鹅 4 周，小型鹅 3 周即可屠宰取肝。

（二）填饲饲料及填饲量

玉米是普遍采用的鹅肥肝生产的理想填饲饲料。用黄玉米填饲肥肝大且纯黄色，商品价值高。粒状玉米用文火煮得八成熟，随后沥去水，加入 0.5%~1% 的食盐，还可加入 1%~2% 猪油，将饲料拌匀即可。大型鹅填饲量每日为 850~1 000 克，中型鹅 700~850 克。填饲量由少逐渐增多，日填饲次数一般为 2~3 次。

（三）填饲方法

肥肝填饲方法有手工填饲和机器填饲两种。人工填饲法由一人独自完成，操作者把肥肝鹅夹在双膝间，头朝上，露出颈部，左手把鹅嘴掰开，右手抓料投放到鹅口中，每天填饲 3~4 次。机器填饲法由两人操作，助手固定鹅体，填饲员用右手的拇指和中指固定鹅喙的基部，食指伸入鹅的口腔内按压鹅舌的基部，向上拉鹅头，将填饲管插入鹅口腔，沿咽喉、食道直插至食道膨大部中端，填饲时应该注意把鹅颈伸直。为防止填喂时导致鹅窒息，填饲人员应把鹅嘴封住，把颈部垂直地向上拉，用食指和拇指把饲料向下捋 3~4 次，直到饲料填到比喉头低 1~2 厘米时就停止填喂。此时鹅头咽部缓慢从填饲管中退出，填饲员松开鹅头，填饲结束，取出鹅轻轻放回圈舍。

（四）填饲期的管理

填饲期内的饲养密度为 3~4 只 / 米^2、每小群 30 只左右为宜。肥肝鹅在填饲期最好采取网养或圈舍饲养，只给适当运动不给下水，以尽量减少其能量消耗。鹅舍要求平坦、干燥、通风；冬暖夏凉，圈舍常起粪便常换垫料，保持清洁，环境安静，光线宜稍暗。到填饲后期，鹅体重增大和肥肝的形成，抓鹅时必须轻提、细填、轻放，防止挤伤或惊吓。填饲期内保证充足清洁饮水，以促进鹅消化食物。

（五）屠宰取肝

① 屠宰肥肝鹅的屠宰与肉用鹅的方法一样，但放血一定要充分，一般需要 3~5 分钟。

② 浸烫将放血后的鹅置于 60~65℃的热水中翻动浸烫，时间 3~5 分钟，使身体各部位的羽毛能完全湿透，受热均匀。

③ 拔毛为了保证鹅肝品质，肥肝鹅在拔毛时一般采用人工拔毛

的方式，不采用脱毛机。拔毛过程中要注意不要挤压到鹅的胸部，拔完毛后将鹅整齐放置，不要挤压在一起影响其品质。

④ 预冷干净的鹅屠体采用腹部向上的方式放置于金属或干净的木架上，等体表水分沥干后放置于 4~10℃的冷库 18 小时，本过程的主要目的在于使其腹内脂肪逐渐凝结，身躯变硬，内脏之间留有空隙，以免伤及肥肝。

⑤ 剖腹过程要求在低温下进行，操作间温度控制在 4~6℃较好。解剖人员将鹅的屠体平放于操作台，使其腹部向上，尾端朝向自己，然后左右按住屠体，右手由上而下仔细切开其腹部，不论是横向或纵向，都要小心仔细，不可伤及肥肝，另外整个过程都要保持操作台的清洁卫生，最好专人打扫。

⑥ 取肝。腹腔打开之后将内脏全部暴露，然后操作人员用刀缓慢仔细地将鹅肥肝与其他脏器分隔开来。然后双手整个托住肥肝，从屠体腹腔中缓缓取出，本过程最重要的就是要保证鹅肝的整体性不会遭到破坏，否则其价值将严重下降。过程中也要注意不要戳破胆囊，若不小心弄破则应以冷水不断冲洗，直到洗干净无苦味才可以结束。

⑦ 整修完整取出来的肥肝上面还带有很多结缔组织或者纤维组织甚至胆囊等，以及部分血液。为了保证鹅肝的美观，要先用清水仔细冲洗，再用刀去除以上杂质，包括残留的脂肪等也要全部清除。全部过程完成后将处理好的鹅肝放入 1% 的盐水中浸泡 15 分钟左右，仔细捞出沥干水分，并用清洁毛巾吸干表面上的水分，最后称重分级，并进行包装。

第六节　后备种鹅的饲养管理要点

一、后备种鹅的选择

（一）什么是后备种鹅

70 日龄或 10 周龄以后到产蛋或配种之前准备作种的仔鹅，称后备种鹅。种鹅达到性成熟时间较长（小型鹅 180 天左右，大型鹅 260

天左右），鹅体各部位、各器官仍处于未发育完善阶段。

（二）后备种鹅的选留标准

一般是把品种特征典型、体质结实、生长发育快、羽毛发育好的个体留作种用。公、母鹅的基本要求是：后备种公鹅要求体型大，体质结实，各部结构发育均匀，肥度适中，头大适中，两眼有神，喙正常，颈粗而稍长（作为生产肥肝的品种颈应粗而短），胸深而宽，背宽长，腹部平整，脚粗壮有力、长短适中、距离宽，行动灵活，叫声响亮。选留公鹅数要比按配种的公母比例要求多留 20%~30% 作为后备。后备母鹅要求体重大，头大小适中，眼睛灵活，颈细长，体型长而圆，前躯浅窄，后躯宽深，臀部宽广。

二、后备种鹅的饲养管理

在后备种鹅的饲养阶段，要以放牧为主、补饲为辅，并适当限制营养；饲养管理的重点是对后备种鹅进行限制性饲养，其目的在于控制体重，防止体重过大过肥，使其具有适合产蛋的体况；机体各方面完全发育成熟，适时开产；训练其耐粗饲的能力，育成有较强的体质和良好生产性能的种鹅；延长种鹅的有效利用期，节省饲料，降低成本，达到提高饲养种鹅经济效益的目的。

依据后备种鹅生长发育的特点，通常将整个后备期分为前期、中期和后期 3 个阶段，分别采取不同的饲养管理措施。

（一）快速生长阶段

后备种鹅培育的早期，鹅的生长发育仍比较快，而且还要经过幼羽更换成青年羽的第 2 次换羽时期，需要较多的营养物质（如太湖鹅每日仍需补饲 150 克左右精料），不宜过早进行粗放饲养，必须保证有足够的营养物质，尤其是增加矿物质和蛋白质来供生长发育需要。但是，补饲日粮蛋白质含量不宜太高，应根据放牧场地草质的好坏，逐渐减少补饲的次数，并逐步降低补饲日粮的营养水平，使青年鹅机体得到充分发育，以便顺利地进入限制饲养阶段。如果补饲日粮的蛋白质较高，会加速鹅的发育，导致体重过大过肥；并促其早熟，而鹅的骨骼尚未得到充分的发育，致使种鹅骨骼发育纤细，体型较小，提早产蛋，往往产几个蛋后又停产换羽。

如果是舍内（关棚）饲养，则要求饲料足，定时、定量，每天喂3次。生长阶段要求日粮中的粗蛋白质为12%~14%，每千克含代谢能2 400~2 600千卡。每日应根据放牧采食情况补喂精料2~3次。日粮中各类饲料所占比例分别为谷物饲料40%~50%，糠麸类饲料10%~20%，蛋白质饲料10%~15%，填充料（统糠等粗料）5%~10%，青饲料15%~20%。

（二）公母分饲和控制饲养阶段

这一阶段一般从100~120日龄开始至开产前50~60天结束。后备种鹅经第2次换羽后，如供给充足的饲料，经50~60天便可开始产蛋。但此时由于种鹅的生长发育尚不完全，个体间生长发育不整齐，开产时间参差不齐，导致饲养管理十分不方便。加上早产的蛋较小，达不到种用标准，种蛋的受精率也较低，母鹅产小蛋的时间较长，会严重影响饲养种鹅的经济效益。另一方面，由于公母鹅的生理特点不同，生长差异较大，混饲会影响鹅群的正常生长发育；还会发生早熟鹅的滥交乱配现象。因此，这一阶段应对种鹅进行公母分饲、控制饲养，使之适时达到开产日龄，比较整齐一致地进入产蛋期。

后备种鹅的控制饲养方法主要有2种：一种是减少补饲日粮的饲喂量，实行定量饲喂；另一种是控制饲料的质量，降低日粮的营养水平。鹅以放牧为主，故大多数采用后者，但一定要根据放牧条件、季节以及鹅的体质，灵活掌握精青饲料配比和喂料量，既能维持鹅的正常体质，又能降低种鹅的饲养费用。

控料阶段分前后两期。前期约30天，在此控料阶段应逐步降低日粮的营养水平，粗蛋白质水平可下降至8%左右，必须限制精料的饲喂量，强化放牧，精料由喂3次改为2次。控料阶段母鹅的日平均饲料用量一般比生长阶段减少50%~60%。目的是使母鹅消化系统得到充分发育，扩大食道容量，体重增加缓慢，同时换生新羽，生殖系统也逐步完全发育成熟。经过此阶段的控饲，后备种鹅的体重比控料前下降约15%，羽毛光泽逐渐减退，但外表体态应无明显变化，放牧时采食量明显增加。此时，如后备母鹅健康状况正常，可转入控料阶段后期。后备母鹅经控料阶段前期饲养的锻炼，采食青草的能力增强，在草质良好的牧地，可不喂或少喂精料。在放牧条件较差的情况下应喂两次，喂食时间在中午及晚9时左右。鹅喜采食带露水的青草，应利用早晨及傍晚前气温较低的时间尽量放牧。控料阶段后期为30~40天，此期的饲料配比为谷物类40%~50%，糠麸类20%~30%，填充料20%~30%。经控制饲养（包括前后期）的后备母鹅体重允许下降20%~25%，羽毛失去光泽，体质略为虚弱，但无病态，食欲和消化能力正常。控制饲养阶段，无论给食次数多少，补料时间应在放牧前2小时左右，以防止鹅因放牧前饱食而不采食青草；或在放牧后2小时补饲，以免养成收牧后有精料采食，便急于回巢而不大量采食青草的坏习惯。

（三）后期加料促产

经控制饲养的种鹅，应在开产前50~60天进入恢复饲养阶段。此时种鹅的体质较弱，应逐步提高补饲日粮的营养水平，并增加喂料量和饲喂次数。营养水平由原来的粗蛋白质8%左右提高到15%~17%，每天早晚各给食1次，让鹅在傍晚时仍能采食多量的牧草。饲料配比可按：谷物类50%~60%，糠麸类20%~30%，蛋白质饲料5%~10%，填充料10%~15%。这时的补饲，只定时，但不定料、不定量，做到饲料多样化，青饲料充足，增加日粮中钙质含量，经20天左右的饲养，使种鹅的体质得以迅速恢复，母鹅进入"小变"，即体态逐步丰满。然后增加精料用量，让其自由采食，争取及早进入"大变"，即母鹅进入临产状态。初产母鹅全身羽毛紧贴，光洁鲜明，尤其颈羽显得光滑紧凑，尾羽与背羽平伸，后腹下垂，耻骨开张达3指以上，肛门平整呈菊花状，行动迟缓，食欲大增，喜食矿物质饲料，有求偶表现，想窝念巢。

后备公鹅应比母鹅提前两周进入恢复期，由于公鹅在控料阶段的饲料营养水平较高，进入恢复期可用增加料量来调控，每天给食由2次增至3次，使公鹅较早恢复。后备公鹅的精料补饲应提早进行，公鹅人工拔羽可比母鹅早2周左右开始，促进其提早换羽，以便在母鹅开产前已有充沛的体力、旺盛的食欲。在舍饲的条件下，最好给后备种鹅喂配合饲料。

此阶段种鹅开始陆续换羽，为了使种鹅换羽整齐和缩短换羽时间，节约饲料，可在种鹅体重恢复后进行人工强制换羽，即人为地拔

除主翼羽和副主翼羽。拔羽后应加强饲养管理，适当增加喂料量。开产前人工强制换羽，可使后备种鹅能整齐一致地进入产蛋期。

在后备期一般只利用自然光照，如在下半年，由于日照短，恢复生长阶段要开始人工补充光照时间。通过6周左右的时间，逐渐增加光照总时数，使之在开产时达到每天16~17个小时。

后备种鹅饲养到后期时，应将公鹅放入母鹅群中，使之相互熟识亲近，以提高受精率。放牧鹅群仍要加强放牧，但鹅群即将进入产蛋，体大行动迟缓，故而放牧时不可急赶久赶，放牧距离应渐渐缩短。

（四）后备种鹅的管理要点

1. 放牧场地选择

后备种鹅阶段主要以放牧为主，舍饲为辅。牧地应选择水草丰盛的草滩、湖畔、河滩、丘陵以及收割后的稻田、麦地等。牧地附近有湖泊、溪河或池塘，供鹅饮水或游泳。人工栽培草地同样附近必须有供饮水和游泳的水源。放牧前，先调查牧地附近是否喷洒过有毒药物，否则，必须经1周以后，或下大雨后才能放牧。

2. 注意防暑

放牧时宜早出晚归，避开中午酷暑。一般应清晨5时出牧，上午10点回棚休息。下午3点出牧，晚至7点归牧休息，休息的场地最好有水源，以便于饮水、戏水、洗浴。放牧时力争让鹅吃到4~5个饱（上午2个饱，下午3个饱）。在炎夏天气，鹅群在棚内烦躁不安，应及时放水，必要时可使鹅群在河畔过夜，日间要提供清凉饮水，以防过热或中暑。

3. 鹅群管理

一般以250~300只后备鹅为一群，由2人管理。如牧地开阔，草源丰盛，水源良好而充足，可组成1 000只一群，由4人协同管理。放牧前与收牧时都应及时清点，如有丢失应及时追寻。如遇混群，可按编群标记追回。

随时观察鹅群的精神状态、采食情况等，发现弱鹅、伤残鹅等要及时剔除，进行单独的饲喂和护理。病鹅往往表现出行动呆滞，两翅下垂，食草没劲，两脚无力，体重轻，放牧时落在鹅群后面，严重者卧地不起。对于个别弱鹅应停止放牧，进行特别管理，可喂以质量较好且容易消化的饲料，到完全恢复后再放牧。

4. 补料

后备种鹅的主要饲养方式是放牧，既节省饲料，又可防止过肥和早熟，但在牧草地草质差，数量少时，或气候恶劣不宜放牧时，为确保鹅群健康，必须及时补料，一般多于夜间进行。传统饲喂法多补饲瘪谷，有的补充米糠或草粉颗粒饲料。现在多数是根据体重情况补饲配合饲料或颗粒饲料，种鹅后备期喂料量的确定是以种鹅的体重为基础的。

要注意补料量和青粗饲料比例。可根据鹅粪便的变化进行调整。如鹅粪粗大而松散，用脚可轻拔为几段，则表明精料与青料比例较适当。若鹅粪细小、结实、断截成粒状，说明精料过多、青料太少。若粪便色浅且较难成形，排出即散开，说明补饲的精料太少，营养不足，应适当增加精料用量。

5. 做好卫生防疫

注意鹅舍的清洁卫生和饲料新鲜度，及时更换垫料，保持垫草和舍内干燥。喂食及饮水用具及时清洗消毒。在恢复生长阶段应及时接种有关疫苗，主要有小鹅瘟、鸭瘟、禽流感、禽出败、大肠杆菌疫苗；并注意在整个后备阶段搞好传染病和肠胃病的防治，定期进行防虫驱虫工作。

第七节　种鹅的饲养管理要点

一、种鹅的选择

产蛋期种鹅是指种母鹅开始产蛋、种公鹅开始配种的成年鹅。产蛋期种鹅的生长发育基本完成，生殖系统发育成熟并有正常的繁殖行为，对各种饲料的消化能力也很强，这一阶段主要精力是用于繁殖方面，饲养管理重点应围绕产蛋和配种工作。

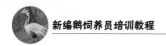

二、种鹅的选留标准

成年种鹅的选择是提高种鹅质量的一个重要生产环节，在后备期结束，转入种鹅生产阶段时应对后备种鹅进行复选和定群，选留组成合格的成年种鹅群。

根据体型外貌与生理特征选择。体型外貌与生理特征能够反映出种鹅的生长发育与健康状况，可以作为判断种鹅生产性能的基本条件。

母鹅选留标准：体躯各部位发育匀称，体型不粗大，头大小适中，眼睛明亮有神，颈细中等长，体躯长而圆、前躯较浅窄、后躯宽而深，两脚健壮且差距较宽，羽毛光洁紧密贴身，尾腹宽阔，尾平直。公鹅选留标准：体型大，体质健壮，身躯各部位发育匀称，肥瘦适中，头大脸宽，眼睛灵敏有神，喙长、钝且闭合有力，叫声洪亮，颈长粗且略显弯曲，体躯呈长方形、前躯宽阔、背宽而长、腹部平整，腿长短适中、强壮有力，两脚差距较宽。若是有肉瘤的品种，肉瘤必须发育良好而突出，呈现雄性特征。特别是对公鹅的选留，要进一步检查性器官的发育情况。严格淘汰阴茎发育不良、阳痿和有病的公鹅，选留阴茎发育良好、性欲旺盛、精液品质优良的公鹅作种用。

三、种鹅的饲养方式

种鹅饲养以舍饲为主、放牧为辅，既可降低饲料成本，又利于提高母鹅的产蛋率。南方饲养的鹅种，一般每只母鹅产蛋 30~40 个，高产者达 50~80 个；而北方饲养的鹅种，一般每只母鹅产蛋 70~80 个，高产者达 100 个以上。为发挥母鹅的产蛋潜力，必须实行科学饲养，满足产蛋母鹅的营养需要。集约化舍内饲养，饲养方式有地面平养、网上平养和笼养。

（一）地面平养

种鹅饲养在地面上，舍外设置运动场和洗浴池，目前生产中较为常用。

（二）网上平养

种鹅网上平养时，网板占鹅舍面积的 20%~25%，网上放饮水器和食槽，鹅舍前有洗浴沟和硬地面的日光浴场。洗浴沟加水 20~30 厘米，每周换水和清沟 1 或 2 次。为防止水中出现浮游生物，可按每 100 升水加 1 克硫酸铜进行处理。种鹅栅上平养时，板条地面是用上宽 2 厘米，底带 1.5 厘米，高 2.5 厘米的梯形木条组成，木条之间的距离为 1.5 厘米。

（三）笼养

将鹅养在金属笼内，通常分为两层，饲养密度比垫料平养高 75%。鹅粪通过笼底的网眼落到地上，可以机械清粪，自动喂料和饮水。但是生产工艺复杂，成本偏高。笼养种鹅笼，宽 100 厘米，深 70 厘米。高 90 厘米（母鹅）或 100 厘米（公鹅）。每笼放种鹅 2 或 3 只，笼底用直径 5 毫米的钢丝做成。母鹅笼底的坡度为 12°，以便于鹅蛋自动滚到集蛋槽上。槽式饮水器深 6 厘米，上沿宽 8 厘米。食槽位于饮水器同侧，槽深 10 厘米，宽 18 厘米，上沿有宽 1.2 厘米槽檐，防止鹅抛洒饲料。

四、鹅群组成

合理的鹅群结构不但是组织生产的需要，也是提高繁殖力的需要。一般多以 500 只左右为一群，要配备好饲养人员和有关用具、饲料、药物等。母鹅前 3 年的产蛋量最高，以后开始下降。所以，一般母鹅利用年限不超过 3 年。公鹅利用年限也不宜超过 3 年。种鹅群的组成一般为：1 岁母鹅为 30%，2 岁母鹅为 25%，3 岁母鹅为 20%，4 岁母鹅为 15%，5 岁母鹅为 10%。在生产中要及时淘汰过老的公、母鹅，补充新的鹅群。

五、种母鹅的饲养管理

种鹅在产蛋期的饲养管理目标是：体质健壮、高产稳产，种蛋有较高的受精率和孵化率，以完成育种与制种任务，有较好的技术指标与经济效益。

（一）产蛋母鹅的营养需要及配合饲料

种鹅由于连续产蛋和繁殖后代，需要消耗较多的营养物质，尤其是能量、蛋白质、钙、磷等。因此，饲料营养水平的高低、是否均衡直接影响母鹅的生产性能。种鹅在产蛋配种前 20 天左右开始喂给产蛋饲料。由于我国养鹅以粗放饲养为主，南方多以放牧为主，舍饲日粮仅仅是一种补充。因而要根据当地的饲料资源和鹅在各生长、生产阶段营养要求因地制宜，并充分考虑母鹅产蛋所需的营养设计饲料配方。

在以舍饲为主的条件下，建议产蛋母鹅日粮营养水平为代谢能 10.88~12.3 兆焦 / 千克，粗蛋白 14%~16%，粗纤维 5%~8%（不高于 10%），赖氨酸 0.8%，蛋氨酸 0.35%，胱氨酸 0.27%，钙 2.25%，有效磷 0.3%，食盐 0.5%。根据试验，采用按玉米 40%，豆饼 12%，米糠 25%，菜籽饼 5%，骨粉 1%，贝壳粉 7% 的比例制成的配合饲料饲喂种鹅，平均产蛋量、受精蛋、种蛋受精率分别比饲喂单一稻谷提高 3.1%、3.5% 和 2%。

另外，国内外的养鹅生产实践和试验都证明，母鹅饲喂青绿多汁饲料对提高母鹅的繁殖性能有良好影响。因此，有条件的地方应于繁殖期多喂些青绿饲料。

饲料喂量一般每只每天补充精料 150~200 克，分 3 次喂给，其中 1 次在晚上，1 次在产完蛋后。

（二）饮水

种鹅产蛋和代谢需要大量的水分，所以供给产蛋鹅充足的饮水是非常必要的，要经常保持舍内有清洁的饮水。产蛋鹅夜间饮水与白天一样多，所以夜间也要给足饮水，满足鹅体对水分的需求。我国北方早春气候寒冷，饮水容易结冰，产蛋母鹅饮用冰水对产蛋有影响，应给予 12℃的温水，并在夜间换 1 次温水，防止饮水结冰。

（三）产蛋鹅的环境管理

为鹅群创造一个良好的生活环境，精心管理，是保证鹅群高产、稳产的基本条件。

1. 适宜的环境温度

鹅的生理特点是：羽绒丰满，绒羽含量较多；皮下有脂肪而无皮脂腺，只有发达的尾脂腺，散热困难，所以耐寒而不耐热，对高温反应敏感。夏季天气温度高，鹅常停产，公鹅精子无活力；春节过后气温比较寒冷，但鹅只陆续开产，公鹅精子活力较强，受精率也较高。母鹅产蛋的适宜温度是 18~25℃，公鹅产壮精的适宜温度是 10~25℃。在管理产蛋鹅的过程中，应注意环境温度，特别是做好夏季的防暑降温工作。

2. 适宜的光照时间

光照时间的长短及强弱，以不同的生理途径影响家禽的生长和繁殖，对种鹅的繁殖力有较大的影响。在适宜的环境温度条件下，给鹅增加光照可提高产蛋量。采用自然光照加人工光照，每日应不少于 15 小时，通常是 16~17 个小时，一直维持到产蛋结束。目前，许多种鹅的饲养大多采用开放式鹅舍、自然光照制度，光照时间不足，对产蛋有一定的影响。因此，为提高产蛋率，应补充光照，一般在开产前 1 个月开始较好，由少到多，直至达到适宜光照时间。增加人工光照的时间分别安排在早上和晚上。不同品种在不同季节所需光照不同，如我国南方的四季鹅，每个季度都产蛋，所以在每季所需光照也不一样。应当根据季节、地区、品种、自然光照和产蛋周龄，制定光照计划，按计划执行，不得随意调整。

舍饲的产蛋鹅在日光不足时可补充电灯光源，光源强度 2~3 瓦 / 米^{2}较为适宜，每 20 米^{2}面积安装 1 只 40~60 瓦灯泡较好，灯与地面距离 1.75 米左右为宜。

3. 合理的通风换气

产蛋期种鹅由于放牧减少，在鹅舍内生活时间较长，摄食和排泄量也很多，会使舍内空气污染，氧气减少，既影响鹅体健康，又使产蛋下降。为保持鹅舍内空气新鲜，除控制饲养密度（舍饲 1.3~1.6 只 / 米^2，放牧条件下 2 只 / 米^2），及时清除粪便、垫草。还要经常打开门窗换气。冬季为了保温取暖，鹅舍门窗多关闭，舍内要留有换气孔，经常打开换气孔换气，始终保持舍内空气的新鲜。

4. 搞好舍内外卫生，防止疫病发生

舍内垫草须勤换，使饮水器和垫草隔开，以保持垫草有良好的卫生状况。垫草一定要洁净，不霉不烂，以防发生曲霉病。污染的垫草和粪便要经常清除。舍内要定期消毒，特别是春、秋两季结合预防注射，将料槽、饮水器和积粪场围栏、墙壁等鹅经常接触的场内环境进行 1 次大消毒，以防疫病的发生。

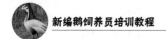

（四）母鹅的配种管理

1.合适的公母比例

为了提高种蛋的受精率，除考虑种鹅的营养需要外，还必须注意公鹅的健康状况和公母比例。在自然支配条件下，合理的性比例和繁殖小群能提高鹅的受精率。一般大型鹅种公母配比为1：（3~4），中型1：（4~6），小型1：（6~7）。繁殖配种群不宜过大，一般以50~150只为宜。鹅属水禽，喜欢在水中嬉戏配种，有条件的应该每天给予一定的放水时间，以多创造配种机会，提高种蛋受精率。

2.合适的配种环境

鹅的自然交配多在水上进行，掌握鹅的下水规律，使鹅能得到交配的机会，这是提高受精率的关键。要求种鹅每天有规律地下水3~4次。第1次下水交配在早上，从栏舍内放出后即将鹅赶入水中，早上公母鹅的性欲旺盛，要求交配者较多，应注意观察鹅群的交配情况，防止公鹅因争配打架影响受精率。第2次下水时间在放牧后2~3小时，可把鹅群赶至水边让其自由交配。第3次在下午放牧前，方法如第1次。第4次可在入圈前让鹅自由下水。如舍饲，主要抓好早晚两次配种。配种环境的好坏，对受精率有一定影响，在设计水面运动场时面积不宜过大，过大因鹅群分散，配种机会少；过小，鹅群又过于集中，致使公鹅相互争配而影响受精率。人工辅助配种可以提高受精率，但比较麻烦，公鹅需经一段时间的调教，只适合在农家散养及小群饲养情况下进行。

3.人工辅助受精

在大、小型品种间杂交时，公母鹅体格相差悬殊，自然配种困难，受精率低，可采用人工辅助配种方法，此也属于自然配种。方法是先把公母鹅放在一起，使之相互熟悉，经过反复的配种训练建立条件反射，当把母鹅按在地上、尾部朝向公鹅时，公鹅即可跑过来配种。

人工授精是提高鹅受精率最有效的方法，还可大大缩小公母比例，提高优良公鹅利用率，减少经性途径传播的疾病。采用人工授精，1只公鹅的精液可供12只以上母鹅输精。一般情况下，公鹅1~3天采精1次，母鹅每5~6天输精1次。

（五）母鹅的产蛋管理

鹅的繁殖有明显的季节性，鹅1年只有1个繁殖季节，南方为10月份至翌年的5月份，北方一般在3--7月。母鹅的产蛋时间大多数在下半夜至上午10时以前。因此，产蛋母鹅上午不要外出放牧，可在舍前运动场上自由活动，待产蛋结束后再放牧。

鹅的产蛋有择窝的习性，形成习惯后不易改变。地面饲养的母鹅，大约有60%母鹅习惯于在窝外地面产蛋，有少数母鹅产蛋后有用草遮蛋的习惯，蛋往往被踩坏，造成损失。因此，要训练母鹅在窝内产蛋并及时收集产在地面的种蛋。一般在母鹅临产前半个月左右，应在舍内墙周围安放产蛋箱，训练鹅在产蛋箱产蛋的习惯。蛋箱的规格是：宽40厘米、长60厘米、高50厘米，门槛高8厘米，箱底铺垫柔软的垫草。每2~3只母鹅设1产蛋箱。母鹅在产蛋前，一般不爱活动，东张西望，不断鸣叫，这些是要产蛋的行为。发现这样的母鹅，将其捉入产蛋箱内产蛋，以后鹅便会主动找窝产蛋。

种蛋要随下随拣，一定要避免污染种蛋。每天应拣蛋4~6次，可从凌晨2时以后，每隔1小时用蓝色灯光（因鹅的眼睛看不清蓝光）照明收集种蛋1次。收集种蛋后，先进行熏蒸消毒，然后放入蛋库保存。

产蛋箱内垫草要经常更换，保持清洁卫生，以防垫草污染种蛋。

（六）就巢鹅的管理

我国的许多鹅种在产蛋期都表现出不同程度的抱性，对种鹅产蛋造成严重影响。一旦发现母鹅有恋巢表现时，应及时隔离，转移环境，将其关到光线充足、通风好的地方，进行"醒抱"。可采用以下方法。一是将母鹅围困到浅水中，使之不能伏卧，能较快"醒抱"。二是对隔离出来的就巢鹅，只供水不喂料，2~3天后喂一些干草粉、糠麸等粗料和少量精料，使之体重下降，营养使之体重不产生严重下降，"醒抱"后能迅速恢复产蛋。三是应用药物，如给抱窝鹅每只肌内注射1针25毫克的丙酸睾丸酮，一般1~2天就会停止抱窝，经过短时间恢复就能再产蛋，但对后期的产蛋有一些负面的影响。

（七）休产期母鹅的饲养管理

母鹅每年产蛋至5月左右时，羽毛干枯，产蛋量减少，畸形蛋增多，受精率下降，表明鹅进入休产期，此期持续 4~6 个月。

1. 休产前期的饲养管理

这一时期的工作要点是逐渐减少精料用量、人工拔羽、种群选择淘汰与新鹅补充。停产鹅的日粮由精料为主改为粗料为主，即转入以放牧为主的粗饲期，目的是降低饲料营养水平，促使母鹅体内脂肪的消耗，促使羽毛干枯，容易脱落。此期喂料次数逐渐减少到每天 1 次或隔天 1 次，然后改为 3~4 天喂 1 次。在减少饲喂精料期，应保证鹅群有充足的饮水，促使鹅体自行换羽，同时也培养种鹅的耐粗饲能力。经过 12~13 天，鹅体消瘦，体重减轻，主翼羽和主尾羽出现干枯现象时，则可恢复喂料。待体重逐渐回升，大约放牧饲养 1 个月后，就可进行人工拔羽。公鹅应比母鹅早 20~30 天强制换羽，务必在配种前羽毛全部脱换好，可保证鹅体肥壮，精力旺盛，以便配种。

人工拔羽就是人工拔掉主翼羽、副主翼羽和主尾羽。处于休产期的母鹅比较容易拔下，如拔羽困难或拔出的羽根带血时，可停喂几天饲料（青饲料也不喂），只喂水，直至鹅体消瘦，容易拔下主翼羽为止。拔羽应选择温暖的晴天在鹅空腹下进行，切忌寒冷雨天进行。拔羽后必须加强饲养管理，一般要求 1~2 天内应将鹅圈养在运动场内喂料、喂水、休息，不能让鹅下水，以防毛孔感染引起炎症。3 天后就可放牧与放水，但要避免烈日暴晒和雨淋。

种群选择与淘汰，主要是根据前次繁殖周期的生产记录和观察，对繁殖性能低，如产蛋量少、种蛋受精率低、公鹅配种能力差、后代生活力弱的种鹅个体进行淘汰。为保持种群数量的稳定和生产计划的连续性，还要及时培育、补充后备优良种鹅。一般地，种鹅每年更新淘汰率在 25%~30%。

2. 休产中期的饲养管理

当鹅主副翼换羽结束后，即进入产蛋前期的饲养管理，此期的目的是使鹅尽快恢复产蛋的体况，进入下一个产蛋期。因此，在饲养上，要充分利用种鹅耐粗饲的特点，全天放牧，让其采食野生牧草。农作物收获后的青绿茎叶也可以用作鹅的青绿饲料。只要青粗料充足，全天可以不补充精料。管理上，放牧时应避开中午高温和暴风雨恶劣天气。放牧过程中要适时放水洗浴、饮水，尤其要时刻关注放牧场地及周围农药施用情况，尽量减少不必要的鹅群损害。这一时期结束前，还要对一些残次鹅进行 1 次选择淘汰。

3. 休产后期的饲养管理

这一时期的主要任务是种鹅的驱虫防疫、提膘复壮，为下一个产蛋繁殖期做好准备。为保障鹅群及下一代的健康安全，前 10 天要选用安全、高效广谱驱虫药进行 1 次鹅体驱虫，驱虫 1 周内的鹅舍粪便、垫料要每天清扫，堆积发酵后再作农田肥料，以防寄生虫的重复感染。驱虫 7~10 天后，根据当地周边地区的疫情动态，及时做好小鹅瘟、禽流感等一些重大疫病的免疫预防接种工作。夏季过后，进入秋冬枯草期，种鹅的饲养管理上要抓好青绿饲料的供应和逐步增加精料补充量。可人工种植牧草，如适宜秋季播种的多花黑麦草等，或将夏季过剩青绿饲料经过青贮保存后留作冬季供应。精料尽量使用配合饲料，并逐渐增加喂料量，以便尽快恢复种鹅体膘，适时进入下一个繁殖生产期。管理上，还要做好种鹅舍的修缮、产蛋窝棚的准备等。必要时晚间增加 2~3 小时的普通灯泡光照，促进产蛋繁殖期的早日到来。

六、种公鹅的饲养管理

种公鹅饲养管理好坏直接关系到种蛋的受精率和孵化率。在种鹅群的饲养过程中，始终应注意种公鹅的日粮营养水平和种公鹅的体重、健康等状况。在鹅群的繁殖期，公鹅由于多次与母鹅交配，排出大量精液，体力消耗很大，体重有时明显下降，从而影响种蛋的受精率和孵化率。为了使种公鹅保持良好的配种体况，种公鹅的饲养，除了和母鹅群一起采食外，从组群开始后，对种公鹅应补饲配合饲料。配合饲料中应含有动物性蛋白质饲料，以利于提高公鹅的精液品质。补喂的方法，一般是在一个固定时间，将母鹅赶到运动场，把公鹅留在舍内，补喂饲料，任其自由采食。这样，经过一定时间（12 天左右），公鹅就习惯于自行留在舍内，等候补喂饲料。开始补喂饲料时，为便于区别公、母鹅，对公鹅可作标记，以使管理和分群。公鹅的补饲可持续到母鹅配种结束。

如是人工授精，在种用期开始前 1.5 个月左右，可供给全价配合饲料，特别是蛋白质饲料更要保证。日粮中要求含粗蛋白质16%~18%，每千克含代谢能 2 700 千卡。在饲料配制时，可添加3%~5% 的动物性饲料（鱼粉、蚕蛹等），另加一定量的维生素（以每100 千克精料中加入维生素 E 400 毫克），可有效地提高精液的品质。为提高种蛋受精率，公、母鹅在秋、冬、春季节繁殖期内，每只每天喂谷物发芽饲料100 克，胡萝卜、甜菜250~300 克，优质青干草 35~50 克。在春夏季节供给足够的青绿饲料。

种公鹅要多放少关，加强运动，防止过肥，以保持公鹅体质强健。公鹅群体不宜过大，以小群饲养为佳，一般每群 15~20 只。如公鹅群体太大，会引起互相爬跨、殴斗，影响公鹅的性欲。

技能训练

一、鹅的活拔羽绒操作

【目的要求】学会正确的鹅活拔羽绒的方法，掌握鹅活拔羽绒的操作技术。

【训练条件】提供休产期的种鹅若干只，药棉、消毒药水、板凳、秤、围栏和放毛的容器等材料。

【操作方法】

1. 拔绒前的准备

拔绒前 1 天停食、停水，清洁鹅体。选择避风向阳的场地，地面打扫干净。准备好围栏、消毒药水和放鹅毛的容器等。

2. 鹅体的保定

操作者坐在凳子上，用绳捆住鹅的双爪，将鹅头朝向操作者，背置于操作者腿上，用双腿夹住，然后开始拔羽。此外，还有半站立式保定、卧地式保定和专人保定等方法。

3. 拔羽操作

先从颈的下部、胸的上部开始拔起，从左到右，自胸至腹，一排排紧挨着用拇指、食指和中指捏住羽绒的根部往下拔。拔下的羽绒要轻轻放入身旁的容器中，放满后再及时装入布袋中，装满装实后用细绳子将袋口扎紧贮存。在操作过程中，拔羽方向顺拔和逆拔均可，但以顺拔为主，如果不慎将皮肤拔破，应立即用消毒药水涂抹消毒。

4. 活拔羽绒的包装与贮存

包装时要尽量轻拿轻放，包装后分层用绳子扎紧。羽绒要放在干燥、通风的室内贮存。在贮藏期间，要注意防潮、防霉、防蛀、防热。

5. 拔羽后鹅的饲养

拔羽后的鹅要加强饲养管理，3 天内不在强烈阳光下放养，7 天内不要让鹅下水和淋雨。

【考核标准】

1. 能做好拔羽前的准备和鹅体的保定

2. 能掌握活拔羽的操作技术及活拔羽绒的包装与贮存。

3. 能掌握拔羽后鹅的饲养管理技术。

二、肥肝鹅的人工填饲

【目的要求】掌握人工填鹅的操作方法及技能。

【训练条件】提供黄玉米粒等饲料，填食设备及用具、90~120 日龄的鹅若干等材料。

【操作方法】

1. 调制填鹅饲料

取若干黄玉米粒，用文火煮至八成熟，随后沥去水，加入 0.5%~1% 的食盐，拌调均匀备用。

2. 人工填饲操作

（1）抓鹅。抓鹅的食道膨大部，抓时四指并拢，拇指握颈部，用力适当，即可将鹅提起提稳。不能抓鹅的脖子或翅膀或爪，因为鹅会挣扎造成伤残。

（2）填食。填食时，左手握鹅的头部，掌心握鹅的后脑，拇指与食指撑开上下喙，中指压住鹅的舌头，右手将填食胶管小心送入鹅的咽下部，注意鹅体应与胶管平行，然后将饲料压入食道膨大部，随后放开鹅，填饲完成。

【考核标准】

1. 能正确调制填鹅饲料。

2. 能掌握填饲方法，并完成整个填饲过程。

思考与练习

1. 简要说明雏鹅的生产特点和育肥方式。

2. 怎样选择肥育鹅？

3. 怎样对育肥鹅进行分群饲养？简要说明。

4. 鹅活拔羽绒后应如何饲养管理？

5. 鹅肥肝填饲期应如何饲养管理？

6. 后备种鹅应怎样饲养管理？

7. 怎样养好种鹅？

第四章　鹅场环境控制与鹅病综合防控

知识目标

1.理解并掌握鹅场消毒的方法。

2.掌握空鹅舍、载鹅舍、运动场、水塘、人员衣物、孵化室、育雏室、仓库、人工授精室、诊疗室以及饮水、环境、用具、车辆、垫料等的消毒方法。

3.理解并掌握鹅场防疫的具体要求。

4.掌握鹅场常用疫苗的使用方法，能根据本场实际制定并实施简单的免疫程序。

5.了解鹅场疾病药物预防的方法。

技能要求

1.能熟练掌握各种消毒方法的操作要领。

2.能认真执行既定的免疫程序，并能熟练操作各种免疫技术。

第一节　鹅场的消毒

鹅舍及场地要定期消毒，保持饲养环境的清洁卫生，为鹅群提供

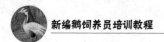

良好的生活环境。

一、消毒的方法

常用的有浸泡法、喷洒法、熏蒸法和气雾法。

（一）浸泡法

主要用于消毒器械、用具、衣物等。一般洗涤干净后再行浸泡，药液要浸过物体，浸泡时间以长些为好，水温以高些为好。另外，养鹅场大门入口和鹅舍入口处应设置消毒槽，槽内，可用消毒液、浸泡药物的草垫或草袋对进出的车辆、人员的鞋靴等进行消毒。

（二）喷洒法

喷洒地面、墙壁、舍内固定设备等，可用细眼喷壶；对舍内空间消毒，则用喷雾器（图4-1）。喷洒要全面，药液要喷到物体的各个部位。一般喷洒地面，每平方米面积需要2升药液，喷墙壁、顶棚，每平方米1升。

图4-1　喷洒法消毒

（三）熏蒸法

适用于可以密闭的鹅舍。这种方法简便、省事，对房屋结构无损，消毒全面，鹅场常用。常用的药物有福尔马林（40％的甲醛水溶液）、过氧乙酸水溶液。为加速蒸发，常利用高锰酸钾的氧化作用。实际操作中要严格遵守下面基本要点：畜舍及设备必须清洗干净，因为气体不能渗透到鹅粪和污物中去，所以不能发挥应有的效力；畜舍要密封，不能漏气。应将进出气口、门窗和排气扇等的缝隙糊严。

（四）气雾法

气雾粒子是悬浮在空气中的气体与液体的微粒，直径小于200纳米，分子量极轻，因此能较长时间地悬浮在舍内的空气中，亦可到处漂移穿透到畜舍的周围及栏舍空隙中。气雾是消毒液进到气雾发生器后喷射出的雾状微粒，气雾法消毒是消灭畜禽舍内气携病原微生物的理想办法。为全面消毒鹅舍空间，每立方米的鹅舍可用5％的过氧乙酸溶液2.5毫升进行喷雾消毒（图4-2）。

图4-2　鹅舍进鹅前要进行熏蒸消毒

二、化学消毒剂的选择

进行化学消毒，必须先了解消毒剂的适用性。不同种类的病原微生物构造不同，对消毒剂的反应不同，有些消毒剂是广谱的，对绝大多数微生物具几乎相同的效力，也有一些消毒剂为专用，只对有限的几种微生物有效。因此，在购买消毒剂时要了解消毒剂的药性、所消毒的物品及杀灭的病原种类。选择消毒力强、性能稳定、毒性小、刺激性小、对人畜危害小、不残留在畜产品中、腐蚀性小的消毒剂。考虑廉价易得，使用方便。

三、鹅场消毒的主要内容

鹅舍、孵化室、育雏室，饮水、饲料加工场地是禽舍消毒的主体，周围环境、路道、交通运输工具及工作人员等也是消毒的对象。

（一）空鹅舍的消毒

任何规模和类型的养鹅场，空舍在下次启用之前，必须进行全面彻底的消毒，而且还要空置一定时间（15~30 天或更长时间）。在此期间经多种方法消毒后，方可正常启用。一般先进行机械清除，再进行化学法喷洒，最后进行熏蒸消毒。

1. 机械清除法

首先对鹅舍内的垃圾、粪便、垫草和其他各种污物全部清除，运到指定堆放地点，进行生物热消毒处理；再用常水洗刷料槽、水槽、围栏、笼具、网床等设施；对空舍顶棚、墙壁彻底冲洗。最后彻底冲洗地面、走道、粪槽等。

2. 喷洒法

常用 2% 的氢氧化钠溶液或 5%~20% 的漂白粉等喷洒消毒。地面用药量 800~1 000 毫升 / 米^2，舍内其他设施 200~400 毫升 / 米^2。为了提高消毒效果，达到消毒目的，空舍消毒应使用 2 种或 3 种不同类型的消毒药进行 2~3 次消毒。必要时对耐火烧的物品还可使用火焰消毒。

3. 熏蒸消毒

常用 28 毫升 / 米^3 福尔马林加热熏蒸，或每立方米按福尔马林 25 毫升、水 12.5 毫升、高锰酸钾 12.5 克的比例混合，用化学反应产生甲醛蒸气熏蒸。熏蒸结束后最好密闭 1~2 周时间。任何一种熏蒸消毒完成后，在启用前都要通风换气。待对动物无刺激后方可启用。

（二）载鹅舍的消毒

1. 机械清除法

鹅舍内每天都要打扫卫生，清除排泄物（粪尿），包括料槽、水槽和用具都要保持清洁，做到勤洗、勤换、勤消毒。尤其雏鹅的水槽、料槽每天都要清洗消毒 1 次。

2. 保持干燥

平时鹅舍要保证良好的通风换气，随时稀释空气中的病原。保证地面干燥，减少病原滋生。

3. 带鹅消毒

每周至少用 0.015% 百毒杀或 0.1%~ 0.2% 次氯酸钠或 0.1%~ 0.2% 过氧乙酸喷雾鹅舍的空气、笼具、墙壁和地面 1 次。

（三）鹅运动场地面、土坡的消毒

病鹅停留过的圈舍、运动场地面、土坡，应该立即清除粪便、垃圾和铲除表土，倒入沼气池进行发酵处理。没有沼气池的，粪便、垃圾、铲除的表土按 1∶1 的比例与漂白粉混合后深埋。处理后的地面还需喷洒消毒：土地面用 1 000 毫升 / 米² 消毒液喷洒，水泥地面按 800 毫升 / 米² 消毒液喷洒；牧场被污染严重的，可以空舍一段时间，利用阳光或种植某些对病原体有杀灭力的植物（如大蒜、大葱、小麦、黑麦等），连种数年，土壤可发生自洁作用。

（四）鹅场水塘消毒

由于病鹅的粪便直接排在水塘里，鹅场水塘污染一般比较严重，有大量的病菌和寄生虫，往往造成鹅群疫病流行；所以，要经常对水塘消毒，常年饲养的老水塘，还需要定期清塘。鹅塘消毒和清塘方法，可以参考鱼塘消毒与清塘方法。

1. 平时消毒

按每亩水深 1 米的水面，用含氯量 30% 的漂白粉 1 千克全塘均匀泼洒，夏季每周 1 次，冬季每月 1 次；或者每亩水深 1 米的水面，用生石灰 20 千克化水全池均匀泼洒，夏季每周 1 次，冬季每月 1 次；可预防一般性细菌病。夏季每月用硫酸铜与硫酸亚铁合剂（5∶2）全池泼洒，可杀灭寄生虫和因水体过盛产生的蓝绿藻类。

2. 清塘

清塘时使用高浓度药物，可彻底地杀灭潜伏在池塘中的寄生虫和微生物等病原体，还可以杀灭传播疾病的某些中间宿主，如螺、蚌以及青泥苔、水生昆虫、蝌蚪等。由于清塘时使用了高浓度消毒药，鹅群不可进入，必须等待一定时间，换水并检测，确定对鹅体无伤害后方可进鹅。清塘方法：先抽干池塘污水，再清除池塘淤泥，最后按每亩（1 亩 ≈ 667 米^2）水面（水深 1 米）用生石灰 125~150 千克，或者漂白粉 13.5 千克，全塘泼洒。

（五）人员、衣物等消毒

本场人员若不经意去过有传染病发生的地方，则须对人员进行消毒隔离。在日常工作中，饲养员进入生产区时，应淋浴更衣，换工作服，消毒液洗手，踩消毒池，经紫外消毒后进入鹅舍，消毒过程须严格执行。工作服、靴、帽等，用前先洗干净，然后放在消毒室，用 28~42 毫升 / 米^3 福尔马林熏蒸 30 分钟备用。人员进出场舍都要用 0.1% 新洁尔灭或 0.1% 过氧乙酸消毒液洗手、浸泡 3~5 分钟。

（六）孵化室的消毒

孵化室的消毒效果受孵化室总体设计的影响，总体设计不合理，可造成相互传播病原，一旦育雏室或孵化室受到污染，则难于控制疫病流行。孵化室通道的两端通常要设消毒池、洗手间、更衣室，工人及工作人员进出必须更衣、换鞋、洗手消毒、带口罩和工作帽，雏鹅调出后、上蛋前都必须进行全面彻底的消毒，包括孵化器及其内部设备、蛋盘、搁架、雏鹅箱、蛋箱、门窗、墙壁、顶篷、室内外地坪、过道等都必须进行清洗喷雾消毒。第 1 次消毒后，在进蛋前还必须再进行 1 次密闭熏蒸消毒，确保下批出壳雏鹅不受感染。此外，孵化室的废弃物不能随便乱丢，必须妥善处理，因为卵壳等带病原的可能性很大，稍有不慎就可能造成污染。

（七）育雏室的消毒

育雏室的消毒和孵化室一样，每批雏鹅调出前后都必须对所有饲养工具、饲槽、饮水器等进行清洗、消毒，对室内外地坪必须清洗干净，晾干后用消毒药水喷洒消毒，入雏前还必须再进行 1 次熏蒸消毒，确保雏鹅不受感染。育雏室的进出口也必须设立消毒池、洗手间、更衣室，工许人员进出必须严格消毒，并戴上工作帽和口罩，严防带入病菌。

（八）饲料仓库与加工厂的消毒

家禽饲料中动物蛋白是传播沙门氏菌的主要来源，如外来饲料带有沙门氏菌、肉毒梭菌、黄曲霉菌及其有毒的霉菌，必然造成饲料仓库和加工厂的污染，轻则引起慢性中毒，重则出现暴发性中毒死亡。因此饲料仓库及加工厂必须定期消毒，杀灭各种有害病原微生物，同时也应定期灭虫、杀鼠，消灭仓库害虫及鼠害，减少病原传播。库房的消毒可采用熏蒸灭菌法，此法简单方便，效果好，可节省人力、物力。

（九）饮水消毒

养禽场或饲养专业户，应建立自己的饮水设施，对饮水进行消毒，按容积计算，每立方米水中加入漂白粉 6~10 克；搅拌均匀，可减少水源污染的危险。此外，还应防止饮水器或水槽的饮水污染，最简单的办法是升高饮水器或水槽，并随日龄的增加不断调节到适当的高度，保证饮水不受粪便污染，防止病原和内寄生虫的传播。

（十）环境消毒

禽场的环境消毒，包括禽舍周围的空地、场内的道路及进入大门的通道等。正常情况下除进入场内的通道要设立经常性的消毒池外，一般每半年或每季度定期用氨水或漂白粉溶液，或来苏尔进行喷洒，全面消毒，在出现疫情时应每 3~7 天消毒 1 次，防止疫源扩散。消毒常用的消毒药有氢氧化钠（又称火碱、苛性钠等）、过氧乙酸、草木灰、石灰乳、漂白粉、石炭酸、高锰酸钾和碘酊等，不同的消毒药因性状和作用不同，消毒对象和使用方法不一致，药物残留时间也不尽相同，使用时要保证消毒药安全、易使用、高效、低毒、低残留和对人禽无害。

进雏鹅前，鹅舍周围 5 米以内和鹅舍外墙用 0.2%~0.3% 的过氧乙酸或 2% 的氢氧化钠溶液喷洒消毒，场区道路建筑物等也每天用 0.2% 次氯酸钠溶液喷洒 1 次进行消毒。鹅舍间的空地每季度翻耕，用火焰枪喷表层土壤，烧去有机物。

（十一）设备用具的消毒

料槽等塑料制品先用水冲刷，晒干后用0.1%新洁尔灭刷洗消毒，再与鹅舍一起进行熏蒸消毒；蛋箱、蛋托用氢氧化钠溶液浸泡洗净再晾干；商品肉鹅场运出场外的运输笼则在场外设消毒点消毒。

（十二）鹅体消毒

鹅体是排出、附着、保存、传播病菌病毒的来源之一，须经常消毒。用专用的喷雾装置将过氧乙酸和除菌净等刺激性小的消毒剂喷洒鹅体，喷洒量为0.1~0.3升/米^2，喷洒次数为：雏鹅隔天1次，育成鹅每周1次，成年鹅每月1次。当鹅群发生传染病时则每天消毒1~2次，连用3天。喷雾消毒可以清洁鹅舍，防暑降温，增加湿度，杀死或减少鹅舍内空气中的病原体，降低尘埃，抑制产生氨气和吸附氨气。

（十三）车辆消毒

外部车辆不得进入生产区，生产区内车辆定期消毒，不出生产区，进出鹅场车辆须经场区大门消毒池消毒，消毒池宽2米，长4米，内放3厘米深的2%氢氧化钠溶液，每天换消毒液，若放0.2%的新洁尔灭则每3天换1次。

（十四）垫料消毒

鹅出栏后，从鹅舍清扫出来的垫草，运往处理场地堆沤发酵或烧毁，一般不再重新用作垫草。新换的垫草，常常带有霉菌、螨及其他昆虫等，因此在搬入鹅舍前必须进行翻晒消毒。垫草的消毒可用甲醛、高锰酸钾熏蒸；最好用环氧乙烷熏蒸，穿透性比甲醛强，且具有消毒、杀虫两种功能。

（十五）种蛋的消毒

种蛋在产出及保存过程中，很容易被细菌污染，如不消毒，就会影响孵化效果、甚至可能将疾病传染给雏鹅。因此，对即将入孵的种蛋，必须消毒，以提高孵化率，防止小鹅瘟和其他污染病。现介绍甲醛熏蒸法、新洁尔灭消毒法、过氧乙酸熏蒸法及碘液浸泡法等几种常见的消毒方法：

1. 甲醛熏蒸法

此法能消灭种蛋壳表层95%的微生物。方法是：按每立方米用高锰酸钾 20 克、福尔马林 40 毫升。加少量温水，置于 20~25℃密闭的室内熏蒸 0.5 小时，保持室内相对湿度 75%~80%。盛消毒药的容器要用陶瓷器皿，先放高锰酸钾，后倒入福尔马林，注意切不可先放福尔马林后放高锰酸钾，然后迅速密封门窗熏蒸。消毒后打开门窗，24 小时即可孵化。

2. 新洁尔灭消毒法

用 0.1% 的新洁尔灭溶液喷洒种蛋表面，也可用于浸泡种蛋 3 分钟。但新洁尔灭切忌与高锰酸钾、汞、碘、碱、肥皂等合用。

3. 过氧乙酸熏蒸法

此法使用较为普遍，即每立方米用 16% 的过氧乙酸溶液 40~60 毫升，高锰酸钾 4~6 克，熏蒸 15 分钟。

4. 碘液浸泡法

指入孵前的 1 种消毒方式。即将种蛋放入 0.1% 的碘溶液（10 克碘片 +15 克碘化钾 +1 000 毫升水，溶解后倒入 9 000 毫升清水）中，浸泡 1 分钟。

5. 漂白粉浸泡法

将种蛋放入含有效氯 1.5% 的漂白粉溶液中浸泡 3 分钟即可。

（十六）人工授精器械消毒

采精和输精所需器械必须经高温高压灭菌消毒。稀释液需在高压锅内经 30 分钟高压灭菌，自然冷却后备用。

（十七）诊疗室及医疗器械的消毒

1. 兽医诊疗室的消毒

鹅场一般都要设置兽医诊疗室，负责整个鹅场的疫病防制、消毒管理、鹅病防制和免疫接种等工作。兽医诊所是病原微生物集中或密度较高的地点。因此，首先要搞好诊疗室的消毒灭菌工作，才能保证全场消毒工作和防病工作的顺利进行。室内空气消毒和空气净化可以采用过滤、紫外线照射（诊室内安装紫外线灯，每立方米 2~3 瓦）、熏蒸等方法；诊疗室内的地面、墙壁、棚顶可用 0.3%~0.5% 的过氧乙酸溶液或 5% 的氢氧化钠溶液喷洒消毒；诊疗室的废弃物和污水也要处理消毒，废弃物和污水数量少时，可与粪便一起堆积生物发酵消毒处理；如果量大时，使用化学消毒剂（如 15%~20% 的漂白粉搅拌，作用 3~5 小时消毒处理）消毒。

2. 兽医诊疗器械及用品的消毒

兽医诊疗器械及用品是直接与鹅接触的物品。用前和用后都必须按要求进行严格的消毒。根据器械及用品的种类和使用范围不同，其消毒方法和要求也不一样。一般对进入鹅体内或与黏膜接触的诊疗器械，如解剖器械、注射器及针头等，必须经过严格的消毒灭菌；对不进入动物组织内也不与黏膜接触的器具，一般要求去除细菌的繁殖体及亲脂类病毒。

（十八）发生疫情后的消毒

鹅场发生传染病后，病原数量大幅增加，疫病传播流行会更加迅速。为了控制疫病传播流行及危害，需要更加严格消毒。疫情活动期间消毒是以消灭病鹅所散布的病原为目的而进行的消毒。病鹅所在的鹅舍、隔离场地、排泄物、分泌物及被病原微生物污染和可能被污染的一切场所、用具和物品等都是消毒的重点。在实施消毒过程中，应根据传染病病原体的种类和传播途径的区别，抓住重点，以保证消毒的实际效果。如肠道传染病消毒的重点是鹅排出的粪便以及被污染的物品、场所等；呼吸道传染病则主要是消毒空气、分泌物及污染的物品等。

1. 一般消毒程序

① 5% 的氢氧化钠溶液，或 10% 的石灰乳溶液对养殖场的道路、畜舍周围喷洒消毒，每天 1 次。

② 15% 漂白粉溶液、5% 的氢氧化钠溶液等喷洒畜舍地面、畜栏，每天 1 次。带鹅消毒，用 0.3% 农家福，0.5%~1% 的过氧乙酸溶液喷雾，每天 1 次。

③ 粪便、粪池、垫草及其他污物化学或生物热消毒。

④ 出入人员脚踏消毒液，紫外线等照射消毒。消毒池内放入 5% 氢氧化钠溶液，每周更换 1~2 次。

⑤ 其他用具、设备、车辆用 15% 漂白粉溶液、5% 的氢氧化钠溶液等喷洒消毒。

⑥ 疫情结束后，进行全面的消毒 1~2 次。

2. 发生 A 类传染病后的消毒措施

鹅的 A 类传染病主要包括高致病性禽流感、新城疫。

（1）污染物处理　对所有病死鹅、被扑杀鹅及其产品（包括肉、蛋、精液、羽、绒、内脏、骨、血等）按照 GB16548—19《畜禽病害肉尸及其产品无害化处理规程》执行；对于排泄物和被污染或可能被污染的垫料、饲料等物品均需进行无害化处理。被扑杀的鹅体内含有高致病性病毒，如果不将这些病原根除，让病鹅扩散流入市场，势必造成高致病性、恶性病毒的传播扩散，同时可能危害消费者的健康。为了保证消费者的身体健康和使疫病得到有效控制，必须对扑杀的鹅做焚烧深埋后的无害化处理。鹅尸体需要运送时，应使用防漏容器，须有明显标志，并在动物防疫监督机构的监督下实施。

（2）消毒　疫情发生时，各级疾病控制机构应该配合农业部门开展工作，指导现场消毒，进行消毒效果评价。

对死鹅和宰杀的鹅、鹅舍、鹅粪便进行终末消毒，对发病的养殖场或所有病鹅停留或经过的圈舍用 15% 漂白粉、5% 火碱或 5% 甲醛等全面消毒，所有的粪便和污物清理干净并焚烧，器械、用具等可用 5% 火碱或 5% 甲醛溶液浸泡；对划定的动物疫区内畜禽类密切接触者，在停止接触后应对其及其衣物进行消毒；对划定的动物疫区内的饮用水应进行消毒处理，对流动水体和较大水体等消毒较困难者可以不消毒，但应严格进行管理；对划定的动物疫区内可能污染的物体表面在出封锁线时进行消毒；必要时对鹅舍的空气进行消毒。

（3）疫病病原感染人情况下的消毒　有些疫病可以感染人并引起人的发病，如近年来禽流感在人群中的发生。当发生人禽流感疫情时，各级疾病控制中心除应协助农业部门针对动物禽流感疫情开展消毒工作，进行消毒效果评价外，还应对疫点和病人或疑似病人污染或可能污染的区域进行消毒处理。

加强对人禽流感疫点、疫区现场消毒的指导，进行消毒效果评价；对病人的排泄物、病人发病时生活和工作过的场所、病人接触过的物品及可能污染的其他物品进行消毒；对病人诊疗过程中可能的污染，既要按肠道传染病又要按呼吸道传染病的要求进行消毒。

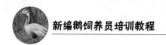

四、消毒效果的检测与强化消毒效果的措施

（一）消毒效果的检测

消毒的目的是消灭被各种带菌动物排泄于外界环境中的病原体，切断疾病传播链，尽可能地减少发病概率。消毒效果受到多种因素的影响，包括消毒剂的种类和使用浓度、消毒时的环境条件、消毒设备的性能等。因此，为了掌握消毒的效果，以保证最大限度地杀灭环境中的病原微生物，防止传染病的发生和传播，必须对消毒对象进行消毒效果的检测。

1. 消毒效果检测的原理

在喷洒消毒液或经其他方法消毒处理前后，分别用灭菌棉棒在待检区域取样，并置于一定量的生理盐水中，再以10倍稀释法稀释成不同倍数，然后分别取定量的稀释液，置于加有固体培养基的培养皿中，培养一段时间后取出，进行细菌菌落计数，比较消毒前后细菌菌落数，即可得出细菌的消除率，根据结果判定消毒效果的好坏。

消除率＝（消毒前菌落数－消毒后菌落数）/消毒前菌落数 ×100%

2. 消毒效果检测的方法

（1）地面、墙壁和顶棚消毒效果的检测

① 棉拭子法。用灭菌棉拭子蘸取灭菌生理盐水分别对禽舍地面、墙壁、顶棚进行未经任何处理前和消毒剂消毒后2次采样，采样点为至少5块相等面积（3厘米 ×3厘米）。用高压灭菌过的棉棒蘸取含有中和剂（使消毒药停止作用）的0.03摩尔/升的缓冲液中，在试验区事先划出的3厘米 ×3厘米的面积内轻轻滚动涂抹，然后将棉棒放在生理盐水管中（若用含氯制剂消毒时，应将棉棒放在15%的硫代硫酸钠溶液中，以中和剩余的氯），然后投入灭菌生理盐水中。振荡后将洗液样品接种在普通琼脂培养基上，置37℃恒温箱培养18~24小时进行菌落计数。

② 影印法。将50毫升注射器去头并灭菌，无菌分装普通琼脂制成琼脂柱。分别对鹅舍地面、墙壁、顶棚各采样点进行未经任何处理前和消毒剂消毒后2次影印采样，并用灭菌刀切成高度约1厘米厚的琼脂柱，正置于灭菌平皿中，于37℃恒温箱培养18~24小时后进行

菌落计数。

（2）对空气消毒效果的检查

① 平皿暴露法。将待检房间的门窗关闭好，取普通琼脂平板4~5个，打开盖子后，分别放在房间的四角和中央暴露5~30分钟，根据空气污染程度而定。取出后放入37℃恒温箱培养18~24小时，计算生长菌落。消毒后，再按上述方法在同样地点取样培养，根据消毒前后的细菌数的多少，即可按上述公式计算出空气的消毒效果。但该方法只能捕获直径大于10微米的病原颗粒，对体积更小、流行病学意义更大的传染性病原颗粒很难捕获，故准确性差。

② 液体吸收法。先在空气采样瓶内放10毫升灭菌生理盐水或普通肉汤，抽气口上安装抽气筒，进气口对准欲采样的空气，连续抽气100升，抽气完毕后分别吸取其中液体0.5毫升、1毫升、1.5毫升，分别接种在培养基上培养。按此法在消毒前后各采样1次，即可测出空气的消毒效果。

③ 冲击采样法。用空气采样器先抽取一定体积的空气，然后强迫空气通过狭缝直接高速冲击到缓慢转动的琼脂培养基表面，经过培养，比较消毒前后的细菌数。该方法是目前公认的标准空气采样法。

3.结果判定

如果细菌减少了80%以上为良好，减少了70%~80%为较好，减少了60%~70%为一般，减少了60%以下则为消毒不合格，需要重新消毒。

（二）强化消毒效果的措施

1.制订合理的消毒程序并认真实施

在消毒操作过程中，影响消毒效果的因素很多，如果没有一个详细、全面的消毒计划并严格落实实施，消毒的随意性大，就不可能收到良好的消毒效果。

（1）消毒计划（程序）　内容应该包括消毒的场所或对象，消毒的方法，消毒的时间次数，消毒药的选择、配比稀释、交替更换，消毒对象的清洁卫生以及清洁剂或消毒剂的使用等。

（2）执行控制　消毒计划落实到每一个饲养管理人员，严格按照计划执行并要监督检查，避免随意性和盲目性；要定期进行消毒效果检测，通过肉眼观察和微生物学的监测，以确保消毒的效果，有效减少或排除病原体。

2. 选择适宜的消毒剂和适当的消毒方法

消毒剂须根据不同的消毒对象来选择。如空气消毒可选用过氧乙酸、过氧化氢、二氧化氯等；物体表面消毒可选用含氯类、含溴类消毒剂；工作人员手和皮肤的消毒可选用酒精、异丙醇、洗必泰醇溶液、碘伏等。

为预防鹅病发生，平时要选用适当的消毒方法进行定期消毒。鹅场环境、鹅舍、用具可采用喷洒或喷雾消毒；带鹅消毒应选用无刺激性的消毒药物；药物熏蒸适用于密封空舍，火焰喷灯消毒适用于水泥圈舍、金属围栏、钢丝网床；浸泡、淋浴、喷雾消毒适用于皮肤；医疗器械、衣物、塑料、玻璃、陶瓷、橡胶制品等适于浸泡消毒。

此外，应根据疾病病原体种类及其对外界环境的抵抗力，以及环境气候条件选用消毒剂和消毒方法。如芽孢杆菌抵抗力强，应选用漂白粉、碘剂、含氯剂消毒；病毒对碱性液体抵抗力弱，可选用碱性消毒药进行消毒；寒冷地区的冬季和早春，液体消毒药易冰冻，失去消毒作用，用生石灰、漂白粉或液体消毒剂中加 5%~10% 氯化钠，可防冻并提高消毒效果。

3. 职业防护与生物安全

无论采取哪种消毒方式，都要注意消毒人员的自身防护。消毒防护首先要严格遵守操作规程和注意事项，其次要注意消毒人员以及消毒区域内其他人员的防护。防护措施要根据消毒方法的原理和操作规程有针对性。例如，进行喷雾消毒和熏蒸消毒就要穿上防护服，戴上眼镜和口罩；进行紫外线的照射消毒，室内人员都应该离开，避免直接照射。在干热灭菌时防止燃烧；压力蒸气灭菌时防止爆炸事故及操作人员的烫伤事故；使用气体化学消毒时，防止有毒消毒气体的泄漏，经常检测消毒环境中气体的浓度，多环氧乙烷气体还应防止燃烧、爆炸事故；接触化学消毒剂时，防止过敏和皮肤黏膜损伤等。对进出鹅场的人员通过消毒室进行紫外线照射消毒时，眼睛不能看紫外线灯，避免眼睛被灼伤。常用的个人防护用品可以参照国家标准进行选购，防护服应配帽子、口罩、鞋套，并做到防酸碱、防水、防寒、挡风、保暖、透气。

第二节　鹅场的防疫

一、场址选择和布局

（一）场址确定与建场要求

1. 地形、土质、地势与气候

鹅场地面要平坦，或向南或东南稍倾斜，背风向阳，场地面积大小要适当，土壤结构最好是沙质壤土，这种土壤排水性能好，能保持鹅场的干燥卫生。地势的高低直接关系到光照、通风和排水等问题，鹅场最好有树木荫蔽、排水方便、不受洪涝灾害影响，尽量减弱严寒季节冷空气的影响，并有利于防疫、处理粪便、排除污水等。在山区建场，应选择在坡度不大的山腰处建场。

了解鹅场所在地的自然气候条件，如平均气温、最高最低气温、降雨量与积雪深度、最大风力、常年主导风向、日照及灾害天气等情况。在沿海地区建场要考虑台风的影响及鹅舍抗风能力。夏季最高气温超过40℃的地方，不宜选作场址。

2. 水源与电源

选择场址时，对鹅只的饮水、清洗卫生用水以及人员生活用水等用水量要作出估计，特别是旱季供水量是否充足，要做详细调查，以保证能长期稳定的用水。水源以深层地下水较为理想，其次是自来水。如果采用其他水源，应保证无污染源，有条件的应请卫生部门进行水质分析，同时要进行定期检测。大型鹅场最好能自辟深井，以保证用水的质量。

鹅场孵化、育雏等都要有照明、供温设备，尤其是大型鹅场，无论是照明、孵化、供温、清粪、饮水、通风换气等，都需要用电，因此鹅场电源一定要充足。要配有专用电源，在经常停电的地区，还必须有预备的发电设备。

3. 草场与水场

鹅是草食家禽，如果有条件，鹅场应选在草场面积广阔、草质柔嫩、生长茂盛的地方，让鹅采食大量的青草。草场的好坏与鹅场的经营效益密切相关，草场好，既可节省精饲料，又可提高母鹅的产量和蛋的孵化率。

水场要建在河流、水塘、湖泊或小溪的附近，以水速平稳的流动水最理想。其中以沙质河底的河湾为最佳，泥质河底的河湾次之，再次是有斜坡的山塘或水库。水场水深以 1~1.5 米为宜，水岸以 30°以下的缓坡为好，坡度过大则不利于鹅上岸、下水。为便于水场管理，可对自然水源进行扩建和改造，若无合适的自然水源也可自建水池。

（二）场区规划及场内布局

鹅场的规划布局就是根据拟建场地的环境条件，科学确定各区的位置，合理的确定各类房舍、道路、供排水和供电等管线、绿化带等的相对位置及场内防疫卫生的安排。鹅场的规划布局是否合理，直接影响到鹅场的环境控制和卫生防疫。集约化、规模化程度越高，规划布局对其生产的影响越明显。场址选定以后，要进行合理的规划布局。因鹅场的性质、规模不同，建筑物的种类和数量亦不同，规划布局也不同。科学合理的规划布局可以有效地利用土地面积，减少建场投资，保持良好的环境条件和管理的高效方便。

实际工作中鹅场规划布局应遵循以下原则：① 便于管理，有利于提高工作效率；② 便于搞好防疫卫生工作；③ 充分考虑饲养作业流程的合理性；④ 节约基建投资。

1. 分区规划

鹅场通常根据生产功能，分为生产区、管理区或生活区和隔离区等（图 4-3）。

（1）生活区　生活区或管理区是鹅场的经营管理活动场所与社会联系密切，易造成疫病的传播和流行，该区的位置应靠近大门，并与生产区分开，外来人员只能在管理区活动，不得进入生产区。场外运输车辆不能进入生产区。车棚、车库均应设在管理区，除饲料库外，其他仓库亦应设在管理区。职工生活区设在上风向和地势较高处。以

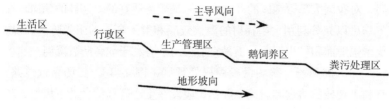

图4-3 地势、风向分区规划示意

免相互污染。

（2）生产区 生产区是鹅生活和生产的场所，该区的主要建筑为各种畜舍，生产辅助建筑物。生产区应位于全场中心地带，地势应低于管理区，并在其下风向，但要高于病畜管理区，并在其上风向。生产区内饲养着不同日龄段的鹅，因为日龄不同，其生理特点、环境要求和抗病力也不同，所以在生产区内，要分小区规划，育雏区、育成区和成年区严格分开，并加以隔离，日龄小的鹅群放在安全地带（上风向、地势高的地方）。种鹅场、孵化场和商品场应各自分开，相距300~500米以上。饲料库可以建在与生产区围墙同一平行线上，用饲料车直接将饲料送入料库。

（3）病畜隔离区 病鹅隔离区主要用来治疗、隔离和处理病鹅的场所。为防止疫病传播和蔓延，该区应在生产区的下风向，并在地势最低处，而且应远离生产区。焚尸炉和粪污处理地设在最下风处。隔离鹅舍应尽可能与外界隔绝。该区四周应有自然的或人工的隔离屏障，设单独的道路与出入口。

2. 鹅场布局

（1）鹅舍间距 鹅舍间距影响鹅舍的通风、采光、卫生、防火。鹅舍密集，间距离过小，场区的空气环境容易恶化，微粒、有害气体和微生物含量过高，增加病原含量和传播机会，容易引起鹅群发病。为了保持场区和鹅舍环境良好，鹅舍之间应保持适宜的距离。

（2）鹅舍朝向 鹅舍朝向是指鹅舍长轴与地球经线是水平还是垂直。鹅舍朝向的选择与通风换气、防暑降温、防寒保暖以及鹅舍采光等环境效果有关。朝向选择应考虑当地的主导风向、地理位置、采光和通风排污等情况。鹅舍一般坐北朝南，即鹅舍的纵轴方向为东西向，对我国大部分地区的开放舍来说是较为适宜的。这样的朝向，在冬季可以充分利用太阳辐射的温热效应和射入舍内的阳光防寒保温；夏季辐射面积较少，阳光不易直射舍内，有利于鹅舍防暑降温。

（3）贮粪场　鹅场设置粪尿处理区（图4-4）。粪场靠近道路，有利于粪便的清理和运输。贮粪场应设在生产区和鹅舍的下风处，与住宅、鹅舍之间保持有一定的卫生间距（30~50米）。并应便于运往农田或其他处理；贮粪池的深度以不受地下水浸渍为宜，底部应较结实；贮粪场和污水池要进行防渗处理，以防粪液渗漏流失污染水源和土壤；贮粪场底部应有坡度，使粪水可流向一侧或集液井，以便取用；贮粪池的大小应根据每天牧场家畜排粪量多少及贮藏时间长短而定。

图4-4　鹅舍附近设置贮粪池等设施以便粪便的集中处理

（4）道路和绿化　场区道路要求在各种气候条件下都能保证通车，防止扬尘。应分别有人员行走和运送饲料的清洁道、供运输粪污和病死鹅的污物道及供产品装车外运的专用通道。清洁道也作为场区的主干道，宜用水泥混凝土路面，也可用平整石块或石条路面，宽度为3.5~6.0米，路面横坡1.0%~1.5%，纵坡0.3%~8.0%为宜。污物道路面可同清洁道，也可用碎石或砾石路面、石灰渣土路面，宽度一般为 2.0~3.5 米，路面横坡为 2.0%~4.0%，纵坡 0.3%~8.0% 为宜。场内道路一般与建筑物长轴平行或垂直布置，清洁道与污物道不宜交叉。道路与建筑物外墙最小距离，当无出入口时以 1.5 米为宜，有出入口时以 3.0 米为宜。

　　绿化不仅有利于场区和鹅舍温热环境的维持和空气洁净，而且可以美化环境，鹅场建设必须注重绿化，绿化率应不低于 30%。树木与建筑物外墙、围墙、道路边缘及排水明沟边缘的距离应不小于 1 米。搞好道路绿化、鹅舍之间的绿化和场区周围以及各小区之间的隔离林带，搞好场区北面防风林带和南面、西面的遮阳林带等。

二、鹅场环境控制与监测

（一）环境对养鹅的影响

1. 水

　　鹅是水禽，放牧、洗浴和交配都离不开水。地面水一般包括江、河、湖、塘及水库等所容纳的水，主要由降水或地下泉水汇集而成，其水质和水量极易受自然因素的影响，也易受工业废水和生活污水的污染，常常由此而引起疾病流行或慢性中毒。大、中型鹅场如果利用天然水域进行放牧可能会对放牧水域产生污染，必须从公共卫生的角度考虑对水环境的整体影响。

2. 土壤

　　土壤中的重金属元素及其他有害物质超标会导致其周围水体、植物中相应物质增加，容易引起营养代谢病及中毒病。土壤表层含有的细菌芽孢、寄生虫卵、球虫卵囊等也易诱发相应疾病。

3. 空气

　　雏鹅对育雏室内的二氧化碳、氨气、硫化氢等有害气体十分敏感。当环境中二氧化碳的含量超过 0.51 克 / 千克、氨气的含量超过 21 毫克 / 千克、硫化氢的含量超过 0.46 毫克 / 千克时，雏鹅就会出现精神沉郁、呼吸加快、口腔黏液增多、食欲减退、羽毛松乱无光泽等症伏。另外，鹅场周围工矿企业排放的有害气体（如氯碱厂的氯，磷肥厂的氟等）、悬浮微粒也会严重威胁鹅群健康。

4. 气候

自然气候条件（如平均气温、最高最低气温、日照时间等）对鹅的生长发育、产蛋都有一定的影响。当然我们也可以通过人工条件的控制来减小其影响，但养殖成本相应也会增加。

（二）鹅场环境控制与监测

鹅场环境的控制主要是防止鹅生存环境的污染，鹅生活在该环境中，或多或少地也影响着周围的环境。使鹅场受到污染的因素有工业"三废"、农药残留、鹅的粪尿污水、死鹅尸体和鹅舍产生的粉尘及有害气体等，故对鹅场的环境控制与监测主要是控制水质、土壤和空气。

1. 建好隔离设施

鹅场周围建立隔离墙、防疫沟等设施，避免闲杂人员和动物进入；鹅场的大门口必须建造一个消毒池（图4-5），其宽度大于大卡车的车身，长度大于车轮两周长，池内放入5%~8%的火碱溶液并定期更换。生产区门口要建职工过往的消毒地，要有更衣消毒室。鹅舍门口必须建小消毒地，宽度大于舍门。

鹅舍最好安装一些过滤装置，使臭气及灰尘被吸附在装置上；要建有粪污及污水处理设施，如三级化粪池等（图4-6）。粪污及污水处理设施要与鹅舍同时设计并合理布局。

图4-5　鹅场大门口消毒池

图4-6　三级化粪池

2. 做好粪便处理

（1）鹅场粪污对生态环境的污染　养鹅场在为市场提供鹅产品时，大量的粪便和污水也在不断地产生。污物大多为含氮、磷物质，未经处理的粪尿一部分氮挥发到大气中增加了大气中的氮含量，严重的构成酸雨，危害农作物；其余的大部分被氧化成硝酸盐渗入地下，或随地表水流入河道，造成更为广泛的污染，致使公共水系中的硝酸盐含量严重超标。磷排入江河会严重污染水质，造成藻类和浮游生物的大量繁殖。鹅的配合饲料中含有较高的微量元素，经消化吸收后多余的随排泄物排出体外，其粪便作为有机肥料播撒到农田中去，长此以往，将导致磷、铜、锌等其他有害微量元素在环境中的富集，从而对农作物产生毒害作用。

另外，粪便通常带有致病微生物，容易造成土壤、水和空气的污染，从而导致禽传染病、寄生虫病的传播。

（2）解决鹅场污染的主要途径

① 总体规划、合理布局、加强监管。为了科学规划畜牧生产布局、规范养殖行为，避免因布局不合理而造成对环境的污染，畜牧、土地、环保等部门要明确职责、加强配合。畜牧部门应会同土地、环保部门依据《中华人民共和国畜牧法》等法律法规并结合村镇整体规划，划定禁养区、限养区及养殖发展区。在禁养区内禁止发展养殖，已建设的畜禽养殖场，通过政策补贴等措施限期搬迁；在限养区内发展适度规模养殖，严格控制养殖总量；在养殖区内，按标准化要求，结合自然资源情况决定养殖品种及规模，对畜禽养殖场排放污物，环保部门开展不定期的检测监管，督促各养殖场按国家《畜禽养殖粪污排放标准》达标排放。今后，要在政府的统一指挥协调下对养殖行为形成制度化管理，土地部门对养殖用地在进行审批时，必须有畜牧、环保部门的签字意见方可审批。

② 提升养殖技术，实现粪污减量化排放。加大畜牧节能环保生态健康养殖新技术的普及力度。如通过推广微生物添加剂的方法提高饲料转化率，促进饲料营养物质的吸收，减少含氮物的排放；通过运用微生物发酵处理发展生物发酵床养殖、应用"干湿粪分离"、雨水与污水分开等技术减少污物排放；通过"污物多级沉淀、厌氧发酵"等实现污物达标排放。在新技术的推动下，发展健康养殖，达到节能减排的目的。

③ 开辟多种途径，提高粪污资源化利用率。根据市场需求，利

用自然资源优势，发挥社会力量，多渠道、多途径开展养殖粪污治理，变废为宝。

（3）粪便污水的综合利用技术

① 发展种养结合养殖模式。在种植区域建设适度规模的养殖场，使粪污处理能力与养殖规模相配套，养殖粪污通过堆放腐熟施入农田，实现农牧结合处理粪污。

② 实施沼气配套工程。养殖场配套建设适度规模的沼气池，利用厌氧产沼技术，将粪污转化为生活能源及植物有机肥，实现粪污资源再利用，达到减排的目的（养鹅场沼气配套工程示意图见图4-7）。根据对部分养殖场的调查，由于技术、沼渣沼液处置等多方面原因，农户中途放弃使用沼气池的现象较为普遍。因此，要加强跟踪服务工作，提高管理水平，避免出现沼气池成"摆设"。

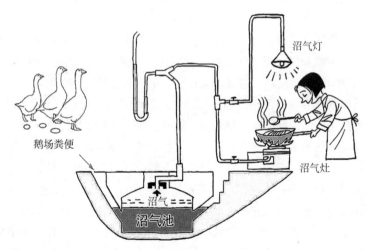

图4-7　养鹅场沼气配套工程示意

③ 开展深加工，实现粪污商品化。从养殖业长期历史习惯以及养殖业主经济实力来看，按"谁污染谁治理"的原则，目前大多数规模养殖场（户）很难自行解决粪污治理问题。政府必须通过政策扶持、资金奖励等方式引导社会企业开发粪污处理技术，建设有机肥料加工厂。将养殖行业的粪污"收购"后，运用现代加工技术生产成包

装好、运输方便，使用简单、效果好的有机肥成品出售，为种植、水产养殖户提供生态、环保、物美价廉的有机肥料产品。既解决养殖污染问题，又充分利用资源，优化了种植和养殖环境，实现了资源循环利用。在条件成熟的情况下，也可依照城市垃圾发电的模式，开发利用养殖粪污发电等项目。

3. 病死鹅无害化安全处理

必须及时地无害化处理病死畜禽尸体，坚决不能图一己私利而出售。处理方法有以下几种。

（1）焚烧法 焚烧也是一种较完善的方法，但不能利用产品，且成本高，故不常用。但对一些危害人、畜健康极为严重的传染病病畜的尸体，仍有必要采用此法。焚烧时，先在地上挖一十字形沟（沟长约2.6米，宽0.6米，深0.5米），在沟的底部放木柴和干草作引火用，于十字沟交叉处铺上横木，其上放置畜尸，畜尸四周用木柴围上，然后洒上煤油焚烧，尸体烧成黑炭为止。或用专门的焚烧炉焚烧。

（2）高温处理法 此法是将畜禽尸体放入特制的高温锅（温度达150℃）内或有盖的大铁锅内熬煮，达到彻底消毒的目的。鹅场也可用普通大锅，经100℃以上的高温熬煮处理。此法可保留一部分有价值的产品，但要注意熬煮的温度和时间，必须达到消毒的要求。

（3）土埋法 是利用土壤的自净作用使其无害化。此法虽简单但不理想，因其无害化过程缓慢，某些病原微生物能长期生存，从而污染土壤和地下水，并会造成二次污染，所以不是最彻底的无害化处理方法。采用土埋法，必须遵守卫生要求，埋尸坑远离畜舍、放牧地、居民点和水源，地势高燥，尸体掩埋深度不小于2米。掩埋前在坑底铺上2~5厘米厚的石灰，尸体投入后，再撒上石灰或洒上消毒药剂，埋尸坑四周最好设栅栏并作上标记。

（4）发酵法 将尸体抛入尸坑内，利用生物热的方法进行发酵，从而起到消毒灭菌的作用。尸坑一般为井式，深达9~10米，直径2~3米，坑口有一个木盖，坑口高出地面30厘米左右。将尸体投入坑内，堆到距坑口1.5米处，盖封木盖，经3~5个月发酵处理后，尸体即可完全腐败分解。

在处理畜尸时，不论采用哪种方法，都必须将病畜的排泄物、各种废弃物等一并进行处理，以免造成环境污染。

4. 使用环保型饲料

考虑营养而不考虑环境污染的日粮配方，会给环境造成很大的压力，并带来浪费和污染，同时，也会污染鹅的产品。由于鹅对蛋白质的利用率不高，饲料中50%~70%的氮以粪氮和尿氮的方式排出体外，其中一部分氮被氧化成硝酸盐。此外，一些未被吸收利用的磷和重金属等渗入地下或地表水中，或流入江河，从而造成广泛的污染。

资料表明，如果日粮干物质的消化率从85%提高到90%，那么随粪便排出的干物质可减少1/3，日粮蛋白质减少2%，粪便排泄量就降低20%。粪污的恶臭主要由蛋白质腐败产生，如果提高日粗蛋白质的消化率或减少蛋白质的供给量，那么臭气物质的产生将大大减少。按可消化氨基酸配制日粮，补充必要氨基酸和植酸酶等，可提高氮、磷的利用率，减少氮、磷的排泄。营养平衡配方技术、生物技术、饲料加工工艺的改进、饲料添加剂的合理使用等新技术的出现，为环保饲料指明了方向。

5. 绿化环境

在鹅场内外及场内各栋鹅舍之间种植常绿树木及各种花草，既可美化环境，又可改变场内的小气候、减少环境污染。许多植物可吸收空气中的有害气体，使氨、硫化氢等有毒气体的浓度降低，恶臭明显减少，释放氧气，提高场区空气质量。此外，某些植物对银、镉、汞等重金属元素有一定的吸收能力；叶面还可吸附空气中的灰尘，使空气得以净化；绿化还可以调节场区的温度和湿度。夏季绿色植物叶面水分蒸发可以吸收热量，使周围环境的温度降低；散发的水分可以调节空气的湿度。草地和树木可以挡风沙，降低场区气流速度，减少冷空气对鹅舍的侵袭，使场区温度保持稳定，有利于冬季防寒；场周围种植的隔离林带可以控制场外人畜往来，利于防止疫病传播。

6. 严格制度和监测

要真正搞好鹅场的环境保护，必须以严格的卫生防疫制度作保证。加强环保知识的宣传，建立和健全卫生防疫制度是搞好鹅场环境保护工作的保障，应将鹅场的环境保护问题纳入鹅场管理的范畴，应经常向职工宣传环保知识，使大家认识到环境保护与鹅场经济效益和个人切身利益密切相关。制定切实的措施，并抓好落实。同时搞好环境监测，环境卫生监测包括空气、水质和土壤的监测，应定期进行，为鹅舍环保提供依据。

对鹅场空气环境的控制在建场时即须确保无公害鹅场不受工矿企业的污染，鹅场建成后据其周围排放有害物质的工厂监测特定的指标，有氯碱厂则监测氯，有磷肥厂则监测氟。无公害鹅舍内空气的控制除常规的温湿度监测外，还涉及氨气、硫化氢、二氧化碳、悬浮微粒和细菌总数，必要时还须不定期监测鹅场及鹅舍的臭气。

水质的控制与监测在选择鹅场时即进行，主要根据供水水源性质而定。若用地下水，据当地实际情况测定水感官性状（颜色、浊度和臭味等）、微生物学指标（大肠菌群数和蛔虫卵）和毒理学指标（氟化物和铅等），不符合无公害标准时，分别采取沉淀和加氯等措施。鹅场投产后据水质情况进行监测，1年测1~2次。

无公害肉鹅生产逐渐向集约化方向发展，较少直接接触土壤，其直接危害作用少，主要表现为种植的牧草和饲料危害肉鹅。土壤控制和监测在建场时即进行，之后可每年用土壤浸出液监测1~2次，测定指标有硫化物、氯化物、铅等毒物、氮化物等。

三、鹅场的卫生隔离

鹅场的卫生隔离是搞好防疫工作的基础，也是预防和控制疫病的重要保证。隔离是指把养鹅生产和生活的区域与外界相对分隔开，避免各种传播媒介与鹅的接触，减少外界病原微生物进入鹅的生活区，从而切断传播途径。隔离应该从全方位、立体的角度进行。

（一）鹅场卫生隔离设施

1.隔离围墙与隔离门

为了有效阻挡外来人员和车辆随意进入鹅饲养区，要求鹅场周围设置围墙（包括砖墙和带刺的铁丝网等）。在鹅场大门、进入生产区的大门处都要有合适的阻隔设备，能够强制性的阻拦未经许可的人员和车辆进入。对于许可进入的人员和车辆，必须经过合理的消毒环节后方可从特定通道入内。

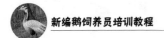

2.绿化隔离

绿化是鹅场内实施隔离的重要举措。青草和树木能够吸附大量的粉尘和有害气体及微生物，能够阻挡鹅舍之间的气流流动，调节场内小气候。按照要求，在鹅场四周、鹅舍四周、道路两旁都要种植乔木、灌木和草，全方位实行绿化隔离。

3.水沟隔离

在鹅场周围开挖水沟或利用自然水沟建设鹅场，是实施鹅场与外界隔离的另一种措施。其目的也是阻挡外来人员、车辆和大动物的进入。

（二）场区与外界的隔离

1.与其他养殖场之间保持较大距离

任何类型的养殖场都会不断地向周围排放污染物，如氮、磷、有害元素、微生物等。养殖场普遍存在蚊蝇、鼠雀，而这些动物是病原体的主要携带者，它们的活动区域集中在场区内和外围附近地区。与其他养殖场保持较大距离就能够较好的减少由于刮风、鼠雀和蚊蝇活动把病原体带入本场内。

2.与人员活动密集度场所保持较大距离

村庄、学校、集市是人员和车辆来往比较频繁的地方。而这些人员和车辆来自四面八方，很有可能来自疫区。如果鹅场离这些场所近，则来自疫区的人员和车辆所携带的病原体就可能扩散到场区内，威胁本场鹅的安全。另外，与村庄和学校近，养鹅场所产生的粪便、污水、难闻的气味、滋生的蚊蝇、老鼠等都会给人的生活环境带来不良影响。此外，离村庄太近，村庄内饲养的家禽也有可能会跑到鹅场来，而这些散养的家禽免疫接种不规范，携带病原体的可能性很大，会给养鹅场带来极大的疫病威胁。

3.与其他污染源产生地保持较大距离

动物屠宰加工厂、医院、化工厂等所产生的废物、废水、废气中都带有威胁动物健康的污染源，如果养鹅场离这些场所太近，也容易被污染。

4.与交通干线保持较大距离

在交通干线上每天来往的车辆多，其中就有可能有来自疫区的车辆、运输畜禽的车辆以及其他动物产品的车辆。这些车辆在通行的时候，随时都有可能向所通过的地方排毒，对交通干线附近造成污染。从近年来家禽疫病流行的情况看，与交通干线相距较近的地方也是疫病发生比较多的地方。

5. 与外来人员和车辆、物品的隔离

来自本场以外的人员、物品和车辆都有可能是病原体的携带者，也都可能会给本场的安全造成威胁。生产上，外来人员和车辆是不允许进入养鹅场的，如果确实必须进入，则必须经过更衣、淋浴、消毒，才能从特定的通道进入特定的区域。外来的物品一般只在生活和办公区使用，需要进入生产区的也必须进行消毒处理。其中，从场外运进来的袋装饲料在进入生产区之前，有条件的也要对外包装进行消毒处理。

（三）场区内的隔离

1. 管理人员与生产一线人员的隔离

饲养人员是指直接从事鹅饲养管理的人员，一般包括饲养员、人工授精人员和生产区内的卫生工作人员。非直接饲养人员则指鹅场内的行政管理人员、财务人员、司机、门卫、炊事员和购销人员等。

非直接饲养人员与外界的联系较多，接触病原的机会也较多，因此，减少他们与饲养人员的接触也是减少外来病原进入生产区的重要措施。

2. 不同生产小区之间的隔离

在规模化养鹅场会有多个生产小区，不同小区内饲养不同类型的鹅（主要是不同生理生长阶段或性质的鹅），而不通过生理阶段的鹅对疫病的抵抗力、平时的免疫接种内容、不同疫病的易感性、粪便和污水的产生量都有差异，因此，需要做好相互之间的隔离管理。

小区之间的隔离首先要求每个小区之间的距离不少于 30 米。在隔离带内可以设置隔离墙或绿化隔离带，以阻挡不同小区人员的相互来往。每个小区的门口都要设置消毒设施，以便于出入该小区的人员、车辆与物品的消毒。

3. 饲养管理人员之间的隔离

在鹅场内不同鹅舍的饲养人员不应该相互来往，因为不同鹅舍内鹅的周龄、免疫接种状态、健康状况、生产性质等都可能存在差异，饲养人员的频繁来往会造成不同鹅舍内疫病相互传播的危险。

4.不同鹅舍之间物品的隔离

与不同鹅舍饲养人员不能相互来往的要求一样，不同鹅舍内的物品也会带来疫病相互传播的潜在威胁。要求各个鹅舍饲养管理物品必须固定，各自配套。公用的物品在进入其他鹅舍前必须进行消毒处理。

5.场区内各鹅舍之间的隔离

在一般的养鹅场内部可能会同时饲养有不同类型或年龄阶段的鹅。尽管在养鹅场规划设计的时候进行了分区设计，使相同类型的鹅集中饲养在一个区域内，但是它们之间还存在相互影响的可能。例如，鹅舍在使用过程中由于通风换气，舍内的污浊空气（含有有害气体、粉尘、病原微生物等）向舍外排放，若各鹅舍之间的距离较小，则从一栋鹅舍内排放出的污浊空气就会进入到相邻的鹅舍，造成舍内鹅被感染。

6.严格控制其他动物的滋生

鸟雀、昆虫和啮齿类动物在鹅场内的生活密度要比外界高3~10倍，它们不仅是疾病传播的重要媒介，而且会使平时的消毒效果显著降低。同时，这些动物还会干扰家禽的休息，造成惊群，甚至吸取鹅的血液。因此，控制这些动物的滋生是控制鹅病的重要措施之一。

预防鸟雀进入鹅舍的主要措施包括：把屋檐下的空隙堵严实、门窗外面加罩金属网。预防蚊蝇的主要措施是：减少场区内外的积水，粪便要集中堆积发酵；下水道、粪便和污水要定期清理消毒，喷洒蚊蝇杀灭药剂；减少粪便中的含水率等。老鼠等啮齿类动物的控制则主要靠堵塞鹅舍外围护结构上的空隙，定期定点放置老鼠药等。

（四）严格卫生隔离制度

1.全进全出

不同日龄的鹅有不同的易感性疾病，如果鹅舍内有不同日龄的鹅群，则日龄较大的患病鹅群或是已痊愈但仍带毒的鹅群随时会将病原传播给日龄较小的鹅群。从防病的角度考虑，全进全出可减少疫病的接力传染和相互交叉感染。一批鹅处理完毕之后，有利于鹅舍的彻底清扫和消毒。另外，同一日龄的鹅饲养在一起，也会给定期预防注射和药物防疫带来方便。因此，统一进场、统一清场，一个鹅舍只饲养同一品种、同一日龄的鹅，是避免鹅群发病的有效措施。

2. 认真检疫

引进鹅只时，必须做好检疫工作，尤其是对鹅只危害严重的某些疫病和新病，不要把患有传染病的鹅只引进来。凡是需要从外地购买的鹅只，必须事先调查了解当地传染病的流行情况，以保证从非疫区引进健康的鹅。运回鹅场后，一定要隔离一个月，在此期间进行临床检查、实验室检验，确认健康无病后，方可进入健康鹅舍饲养。定期对主要传染病进行检疫，如新城疫、禽流感等，以及淘汰隔离病鹅，建立一个健康状况良好的鹅群。随着掌握疫情动态，为及时采取防控措施提供信息。

3. 隔离饲养

将假定健康鹅或病鹅、可疑病鹅控制在一个有利于生产和便于防疫的地方，称之为隔离。根据生产和防疫需要，可分为隔离饲养和隔离病鹅，这两种隔离方式都是预防、控制和扑灭传染病的重要措施。

（1）隔离病鹅　是将患传染病的鹅和可疑病鹅置于不能向外散播病原体、易于消毒处理的地方或圈舍。这是为了将疫病控制在最小的范围内，并就地扑灭。因此，在发生传染病时，应对感染鹅群逐只进行临床检查或血清学检验。根据检查结果，将受检鹅分为病鹅、可疑病鹅和假定健康鹅3类，以便分别处理。

（2）病鹅的隔离饲养　包括有典型症状或血清学检查呈阳性的鹅，是最危险的传染源，应将其隔离在病鹅隔离舍。病鹅隔离舍要特别注意消毒，由专人饲养，固定专用工具，禁止其他人员接近或出入。粪便及其他排泄物，应单独收集并作无害化处理。

（3）可疑病鹅的隔离饲养　无临床症状，但与病鹅是同舍或同群的鹅可能受感染，有排毒、排菌的危险，应在消毒后转移到其他地方隔离饲养，限制其活动，并及时进行紧急预防接种或用药物进行预防性治疗，仔细观察，如果出现发病症状，则按照病鹅处理。隔离观察的时间，可根据该种传染病的潜伏期长短而定，经过一定时间不再发病，可取消其隔离限制。

（4）假定健康鹅的隔离饲养　除上述两类鹅外，疫区内其他易感鹅都属于假定健康鹅。应与上述两类鹅严格隔离饲养，加强消毒，立即进行紧急免疫接种或药物预防及其他保护性措施，严防感染。

4. 制定切实可行的卫生防疫制度

制定切实可行的卫生防疫制度，使养鹅场的每个员工严格按照制度进行操作，保证卫生防疫和消毒工作落到实处。卫生防疫制度主要包括以下内容。

① 养殖场生产区和生活区分开，入口处设置消毒池，场内设置专门的隔离室和兽医室。场周围要有防疫墙或防疫沟，只设置一个大门入口控制人员和车辆物品进入。设置人员消毒室，消毒室内设置淋浴装置、熏蒸衣柜和场区工作服。

② 进入生产区的人员必须淋浴，换上清洁消毒好的工作衣帽和靴子后方可进入，工作服不准穿出生产区，定期更换清洗消毒；进入的设备、用具和车辆也要消毒，消毒池的药液2~3天更换1次。

③ 生产区不准养犬、猫，职工不得将宠物带入场内。

④ 对于死亡鹅的检查，包括剖检等工作，必须在兽医诊疗室内进行，或在距离水源较远的地方检查，禁止在兽医诊疗室以外的地方解剖尸体。剖检后的尸体以及死亡的病死鹅尸体，应深埋或焚烧。在兽医诊疗室解剖尸体要做好隔离消毒。

⑤ 坚持自繁自养的原则。若确实需要引种，必须隔离饲养45天，确认无病并接种疫苗后方可进入生产区。

⑥ 做好鹅舍和场区的环境卫生工作，定期进行清洁消毒。长年定期灭鼠，及时消灭蚊蝇，以防止疾病传播。

⑦ 当某种疾病在本地区或本场流行时，要采取相应的防制措施，并按规定上报主管部门，采取隔离、封锁措施。做好发病时鹅的隔离、检疫和治疗等工作，控制疫情范围，做好病后的净化消毒工作。

⑧ 本场外出的人员和车辆必须经过全面消毒后方可回场。运送饲料的包装袋，回收后必须经过消毒方可再利用，以防止污染饲料。

⑨ 做好疫病的免疫接种工作。

卫生防疫制度应该涵盖较多方面的工作，如隔离卫生工作、消毒工作和免疫接种工作。所以，制定卫生防疫工作制度要根据本场的实际情况尽可能地全面、系统，易于执行和操作，做好管理和监督，保证一丝不苟地落实好。

四、杀虫与灭鼠

鹅场进行杀虫、灭鼠以消灭传染媒介和传染源，也是防疫的一个重要内容，鹅舍附近的垃圾、污水沟、乱草堆，常是昆虫、老鼠滋生的场所，因此要经常清除垃圾，杂物和乱草堆，搞好鹅舍外的环境卫生，对预防某些疫病具有十分重要的实际意义。

（一）杀虫

某些节肢动物如蚊、蝇、虻等和体外寄生虫如螨、虱、蚤等生物，不但骚扰正常的鹅，影响生长和产蛋，而且还携带病原体，直接或间接传播疾病。因此，要设法杀灭。

杀虫先做好灭蚊蝇工作。保持鹅舍的良好通风，避免饮水器漏水，经常清除粪尿，减少蚊蝇繁殖的机会。使用蝇毒磷（0.02%~0.05%）等杀虫药，每月在鹅舍内外和蚊蝇滋生的场所喷洒2次。黑光灯是一种专门用来灭蝇的装于特制的金属盒里的电光灯，灯光为紫色，苍蝇有趋向这种光的特性，而向黑光灯飞扑，当它触及带有负电荷的金属网即被电击而死。

（二）灭鼠

老鼠在藏匿条件好、食物充足的情况下，每年可产6~8窝幼仔，每窝4~8只，1年可以猛增几十倍，繁殖速度快得惊人。养鹅场的小气候适于鼠类生长，众多的管道孔穴为老鼠提供了躲藏和居住的条件，鹅的饲料又为它们提供了丰富的食物，因而一些对鼠类失于防范的鹅场，往往老鼠很多，危害严重。养鹅场的鼠害主要表现在4个方面：一是咬死咬伤草鹅苗；二是偷吃饲料，咬坏设备；三是传播疾病，老鼠是鹅新城疫、球虫病、鹅慢性呼吸道病等许多疾病的传播者；四是侵扰鹅群，影响鹅的生长发育和产蛋，甚至引起应激反应使鹅死亡。

1. 建鹅场时要考虑防鼠设施

墙壁、地面、屋顶不要留有孔穴等鼠类隐蔽处所，水管、电线、通风孔道的缝隙要塞严，门窗的边框要与周围接触严密，门的下缘最

好用铁皮包镶，水沟口、换气孔要安装孔径小于3厘米的铁丝网。

2. 随时注意防止老鼠进入鹅舍

发现防鼠设施破损要及时修理。鹅舍不要有杂物堆积。出入鹅舍随手关门。在鹅舍外留出至少2米的开放地带，便于防鼠。因为鼠类一般不会穿越如此宽的空间，不能无限度地扩大两栋鹅舍间的植物绿化带，鹅舍周围不种植植被或只种植低矮的草，这样可以确保老鼠无处藏身。清除场区的草丛、垃圾，不给老鼠留有藏身条件。

3. 断绝老鼠的食源、水源

饲料要妥善保管，喂鹅抛撒的饲料要随时清理。切断老鼠的食源、水源。投饵灭鼠。

4. 灭鼠

灭鼠要采取综合措施，使用捕鼠夹、捕鼠笼、粘鼠胶等捕鼠方法和应用杀鼠剂灭鼠。

杀鼠剂可选用敌鼠钠盐、杀鼠灵等。其中敌鼠钠盐、杀鼠灵对鹅毒性较小，使用比较安全。毒饵要投放在老鼠出没的通道，长期投放效果较好。

敌鼠钠盐价格比较便宜，对鹅比较安全。老鼠中毒后行动比较困难时仍然继续取食，一般老鼠食用毒饵后三四天内安静地死去。敌鼠钠盐可溶于酒精、沸水，配制0.025%毒饵时，先取0.5克敌鼠钠盐溶于适量的沸水中（水温不能低于80℃），溶解后加入0.01%糖精或2%~5%糖，加入食用油效果更好，同时加入警戒色，再泡入1千克饵料（大米、小麦、玉米糁、红薯丝、胡萝卜丝、水果等均可）。而后搅拌均匀，阴干；过一段时间再搅拌，使饵料吸收药液，待药液全部吸收后晾干即成。毒饵现用现配效果更好，如上午投放毒饵，要在头一天下午拌制；下午投放毒饵，可在当天早晨拌制。

在我国南方，为防毒谷发芽发霉，可将敌鼠钠盐的酒精溶液用谷重25%的沸水稀释后浸泡稻谷，到药液全部吸收为止，效果良好。

（三）控制鸟类

鸟类与鼠类相似，不但偷食饲料、骚扰动物，还能传播大量疫病，如新城疫、禽流感等。控制鸟类对防治鹅传染病有重要意义。控制鸟类的主要措施是在圈舍的窗户、换气孔等处安装铁丝网或纱窗，以防止各种鸟类的侵入。

五、发生传染病时的紧急处置

传染病的一个显著特点是具有潜伏期，病程的发展有一个过程。由于鹅群中个体体质的不同，感染的时间也不同，临床症状表现的有早有晚，总是部分鹅只先发病，然后才是全群发病。因此，饲养人员要勤于观察，一旦发现传染病或疑似传染病，需尽快进行紧急处理。

（一）封锁、隔离和消毒

一旦发现疫情，应将病鹅或疑似病鹅立即隔离，指派专人管理，同时向养鹅场所有人员通报疫情，并要求所有非必须人员不得进入疫区和在疫区周围活动，严禁饲养员在隔离区和非隔离区之间来往，使疫情不致扩大，有利于将疫情限制在最小范围内就地消灭。在隔离的同时，一方面立即采取消毒措施，对鹅场门口、道路、鹅舍门口、鹅舍内及所有用具都要彻底消毒，对垫草和粪便也要彻底消毒，对病死鹅要做无害化处理；另一方面要尽快作出诊断，以便尽早采取治疗或控制措施。最好请兽医师到现场诊断，本场不能确诊时，应将刚死或濒死期的鹅，放在严密的容器中，立即送有关单位进行确诊。当确诊或怀疑为严重疫情时，应立即向当地兽医部门报告，必要时采取封锁措施。

治疗期间，最好每天消毒 1 次。病鹅治愈或处理后，再经过一个该病的潜伏期的时限，并再进行 1 次全面的大消毒，之后才能解除隔离和封锁。

（二）紧急免疫接种

紧急免疫接种是指某些传染病爆发时，为了迅速控制和扑灭该病的流行，对疫区和受威胁区的家禽进行的应急性免疫接种。紧急免疫接种应根据疫苗或抗血清的性质、传染病发生及其流行特点进行合理的安排。

接种后能够迅速产生保护力的一些弱毒苗或高免血清，可以用于急性病的紧急接种，因为此类疫苗进入机体后往往经过 3~5 天便可产生免疫力，而高免血清则在注射后能够迅速分布于机体各部。

由于疫苗接种能够激发处于潜伏期感染的动物发病，且在操作过程中容易造成病原体在感染动物和健康动物之间的传播，因此为了提高免疫效果，在进行紧急免疫接种时应首先对动物群进行详细的临床检查和必要的实验室检验，以排除处于发病期和感染期的动物。

多年来的临床实践证明，在传染病暴发或流行的早期，紧急免疫接种可以迅速建立动物机体的特异性免疫，使其免遭相应疾病的侵害。但在紧急免疫时需要注意，必须在疾病流行的早期进行；尚未感染的动物既可使用疫苗，也可使用高免血清或其他抗体预防；但感染或发病动物则最好使用高免血清或其他抗体进行治疗；必须采取适当的防范措施，防止操作过程中由人员或器械造成的传染病蔓延和传播。

（三）药物治疗

治疗的重点是病鹅和疑似病鹅，但对假定健康鹅的预防性治疗亦不能放松。治疗应在确诊的基础上尽早进行，这对及时消灭传染病、阻止其蔓延极为重要，否则会造成严重后果。

有条件时，在采用抗生素或化学药品治疗前，最好先进行药敏实验，选用抑菌效果最好的药物，并且首次剂量要大，这样效果较好。也可利用中草药治疗。不少中草药对某些疫病具有相当好的疗效，而且不产生耐药性、无毒、副作用，现已在鹅病防制中占相当地位。

（四）护理和辅助治疗

鹅在发病时，由于体温升高、精神呆滞、食欲降低、采食和饮水减少，造成病鹅摄入的蛋白质、糖类、维生素、矿物质水平等低于维持生命和抵御疾病所需的营养需要。因此必要的护理和辅助治疗有利于疾病的转归。可通过适当提高舍温、勤在鹅舍内走动、勤搅拌料槽内饲料、改善饲料适口性等方面促进鹅群采食和饮水。依据实际情况，适当改善饲料中营养物质的含量或在饮水中添加额外的营养物质。如适当增加饲料中能量饲料（如玉米）和蛋白质饲料的比例，以弥补食欲降低所减少的摄入量；增加饲料中维生素 A、维生素 C 和维生素 E 的含量对于提高机体对大多数疾病的抵抗力均有促进作用；增加饲料维生素 K 对各种传染病引起的败血症和球虫病等引起的肠道出血都有极好的辅助治疗作用；另外在疾病期间，家禽对核黄素的需求量可比正常时高 10 倍，对其他 B 族维生素（烟酸、泛酸、维生素 B_1、维生素 B_{12}）的需要量为正常的 2~3 倍。因此在疾病治疗期间，适当增加饲料中维生素或在饮水中添加一定量的速补 –14 或其他多维电解质一类的添加剂极为必要。

第三节　鹅场的免疫

一、鹅场常用疫（菌）苗与使用

（一）疫（菌）苗的概念

疫（菌）苗是预防和控制传染病的一种重要工具，只有正确使用才能使机体产生足够的免疫力，从而达到抵御外来病原微生物的侵害和致病作用的目的。就鹅用疫（菌）苗而言，在使用过程中必须要了解下面有关常识。

疫（菌）苗仅用于健康鹅苗群的免疫预防，对已经感染发病的鹅苗只，通常并没有治疗作用，而且紧急预防接种的免疫效果不能完全保证。

必须制定正确的免疫程序。由于鹅苗的品种、日龄、母源抗体水平和疫（菌）苗类型等因素不尽相同，使用疫（菌）苗前最好跟踪监测以掌握鹅苗群的抗体水平与动态，或者参照有关专家、厂家推荐的免疫程序，然后根据具体情况，会同有经验的兽医师制定免疫程序。

（二）正确接种疫苗

1. 确保疫苗的质量

对所采购疫苗应确保有满意的效果，超过有效期或质变失效的疫苗不能使用。疫苗运送和保留过程中，要防止温度过高和直接暴晒。冻干活疫苗长期置于高温环境，亦可能成为普通死苗，影响免疫效果。一般冻干活疫苗保存 –15℃下，其保留期 1~2 年；0~4℃，保留期 8 个月，25℃保留期不超越 15 天。一期冻干苗不能重复冻融，油乳剂疫苗应保留在 4~8℃的环境下，不能冻结成油水分层。

2.稀释疫苗要恰当

一些疫苗的稀释要用专用的稀释液，如马立克氏菌，不能用其他替代。关于无特殊要求的疫苗，可用灭菌生理盐水、蒸馏水或冷开水稀释。稀释液不得富含任何消毒剂及消毒离子，不得富含氯离子的自来水，不得用污染病原微生物的井水直接稀释疫苗，应煮沸后充分冷却再用。

3.合理组织接种时刻

鹅苗的免疫接种时刻是由盛行症的盛行和鹅群的实际抗体水平决定的。关于鹅苗易感的马立克氏病、传染性支气管炎最好在1日龄接种疫苗，防止接种前已隐性感染，关于危害较大的新城疫，传染性法氏囊病，应根据母源抗体状况断定首免日期。强化免疫的间隔时刻，要根据体内抗体状况断定，不能过早或过迟。

4.防止疫苗之间相互效果

鹅苗一生中接种多种疫苗，几种疫苗一起运用（多联苗除外），或接种时刻相近时，有时会发生搅扰效果。如传支疫苗、球虫疫苗、鹅痘疫苗、会搅扰新城疫的免疫。接种新城疫弱毒苗1周内不得接种传支弱毒苗，用过传支弱毒苗2周内不能接种新城疫弱毒苗。鹅痘的搅扰要素会影响10天左右，所以接种时刻要顾全大局，拟定一个科学的免疫程序。

5.慎用药物

在免疫的前后2天不要用消毒药、抗生素或抗病毒药，否则会杀死活疫苗，破坏灭活疫苗的抗原性。另外，某些抗生素磺胺类、呋喃类药物会影响机体淋巴细胞免疫功用，抑制抗体发生，因而要慎用。

6.削减应激要素，推进抗体发生

接种疫（菌）苗后要加强对鹅苗群的饲养管理，减少应激因素对鹅苗只的影响。在接种疫苗前后1周内，不要组织断喙、转群，绝不能断水，应尽量削减应激反应。患病时间不能接种。温湿度适合，舍内空气新鲜、环境安静，将有利于抗体的发生。

弱毒苗以及灭活苗的使用，对鹅苗体来说也是一个弱的应激，而接种疫（菌）苗后一般要经过1~2周的时间，机体才能产生一定的免疫力，因此这期间需要做好更为细致的管理工作，切不能认为用了苗即完事。可以适当对鹅苗群在饲料中补充一些诸如维生素 C 之类增强体质的营养物质，在饮水中加入抗应激类药品，减少冷热、拥挤、潮湿、通风不良、有害气体浓度过大等应激因素的影响，以确保机体顺利地产生足够的免疫力。特别注意防止病原微生物的感染，否则很可能导致免疫失败。

（三）鹅场常用疫（菌）苗及使用方法

1. 小鹅瘟疫苗

（1）小鹅瘟雏鹅疫苗　本品采用鹅胚多次传代获得的小鹅瘟弱毒株，经接种 12~14 日龄鹅胚，收获感染的鹅胚囊液，加入适量的保护剂，经冷冻真空干燥制成。呈乳白色海绵状疏松团块，加稀释液后迅速溶解。用于预防雏鹅小鹅瘟。

该疫苗适用于未免疫种鹅的后代雏鹅或种鹅免疫后产蛋已达到 7~8 批次以上的雏鹅作紧急预防接种。使用时按瓶签注明剂量，即按 1∶100 倍稀释，给出壳后 24 小时以内的雏鹅皮下注射 0.1 毫升，接种后 7 天产生免疫力。疫苗放置在 -15℃ 以下冷冻保存，有效期 18 个月以上。

（2）小鹅瘟鹅胚化弱毒疫苗　用于预防中雏鹅小鹅瘟。注射疫苗 5~7 天即可产生免疫力，免疫期为 6~9 个月。使用时按瓶签注明的剂量，加生理盐水或灭菌纯化水按 1∶200 倍稀释，20 日龄以上鹅肌内注射 1 毫升。

（3）小鹅瘟鹅胚弱毒疫苗（种鹅苗）　本品采用小鹅瘟鹅胚弱毒株接种 12~14 日龄鹅胚后，收获 72~96 小时死亡的鹅胚尿囊液，加适量保护剂，经冷冻真空干燥制成，呈乳白色海绵状疏松团块，加稀释液后迅速溶解。可供产蛋前的留种母鹅主动免疫，雏鹅通过被动免疫，预防小鹅瘟。

临用前，用灭菌生理盐水按 1∶100 倍稀释，在母鹅产蛋前半个月注射本疫苗，每只成年种鹅肌内注射 1 毫升，可使 1~7 批次的雏鹅获得免疫力。放置在 -15℃ 以下冷冻保存，有效期为 18 个月以上。雏鹅禁用。

（4）雏鹅新型病毒性肠炎—小鹅瘟二联弱毒疫苗　本疫苗专供产蛋前母鹅免疫用，免疫后使其后代获得新型病毒性肠炎和小鹅瘟的被动免疫力。雏鹅一般不使用本疫苗。在母鹅产蛋前 15~30 天内注射本疫苗，其后 210 天内所产的蛋孵出的雏鹅 95% 以上能获得抵抗小鹅瘟的能力。每只母鹅每年注射 2 次。根据瓶装剂量，一般每瓶 5 毫升，稀释成 500 毫升，每只鹅肌内注射 1 毫升，稀释后的疫苗放在阴暗处，限 6 小时内用完。

2. 鹅副黏病毒灭活疫苗

本品采用鹅副黏病毒分离毒株，接种鹅胚，收获感染的鹅胚液，经甲醛溶液灭活，加适当的乳油制成。本品为乳白色均匀乳剂，主要用于预防鹅副黏病毒病。14~16 日龄雏鹅肌内注射 0.3 毫升。青年鹅和成年鹅，肌内注射 0.5 毫升。免疫力为 6 个月。放置在 4~20℃常温保存，勿冻结，保存期 1 年。

3. 禽霍乱菌苗

（1）禽霍乱弱毒菌苗　本菌苗用禽巴氏杆菌 C190E40 弱毒株接种适合本菌的培养基培养，在培养物中加保护剂，经冷冻、真空干燥制成，为褐色海绵状疏松团块，易与瓶壁脱离，加稀释液后迅速溶解成均匀混悬液。主要用于预防家禽（鹅、鸭、鹅）的禽霍乱。使用时，按瓶签上注明的羽份，加入 20% 氢氧化铝胶生理盐水稀释并摇匀。3 月龄以上的鹅，每只肌内注射 0.5 毫升，免疫期 3~5 个月。放置在 25℃以内保存，有效期为 1 年。

注意病、弱鹅不宜注射，稀释后必须在 8 小时内用完。在此期间不能使用抗菌药物。

（2）禽霍乱油乳剂灭活菌苗　本品采用抗原性良好的鹅源 A 型多杀性巴氏杆菌菌种接种于适宜培养基培养，经甲醛溶液灭活，加适当的乳油制成，为乳白色均匀乳剂，久置后发生少量白色沉淀，上层为乳白色液体。主要用于预防禽霍乱。该苗为 2 月龄以上的鹅使用，肌内注射 0.5~1.0 毫升，免疫期 6 个月。注射期间可以使用抗菌药物。本菌苗在 2~15℃保存，有效期为 1 年。

（3）禽霍乱组织灭活菌苗　本品采用人工感染发病死亡或自然发病死亡的鸭、鹅等家禽的肝、脾等脏器，也可采用人工接种死亡的鹅胚、鸭胚的胚体，捣碎匀浆，加适量生理盐水，制成的滤液过滤后，经甲醛溶液灭活，置 37℃温箱作用制备而成。本品呈灰褐色液体，久置后稍有沉淀，注射前先摇匀。主要用于预防禽霍乱。该苗用于 2 个月以上鹅，每只肌内注射 2 毫升。免疫期 3 个月。放置在 4~20℃ 常温保存，勿冻结，保存期 1 年。

（4）禽霍乱氢氧化铝菌苗　本菌苗供 2 月龄以上的鹅预防禽霍乱之用。一般无不良反应，对产蛋鹅可能短期内影响产蛋，10 天左右可恢复正常。使用时将菌苗充分摇匀后，2 月龄以上的鹅每只肌内注射 2 毫升，注射部位可选择胸部、翅根部或大腿部肌肉丰满处。第 1 次注射后 8~10 天进行第 2 次注射，可增加免疫力。注射本菌苗后 14 天左右产生免疫力，免疫期为 3 个月。

（5）鹅巴氏杆菌蜂胶复合佐剂灭活苗　本灭活苗免疫期较长，不影响产蛋，无毒副作用。使用前和使用中将菌苗充分摇匀。1 月龄左右的鹅每只肌内注射 1 毫升。注射后 5~7 天产生免疫力，免疫期为 6 个月。在鹅巴氏杆菌病暴发时期，本菌苗与抗生素等药物同时应用，可控制疫情。

4. 鹅蛋子瘟灭活菌苗

本菌苗采用免疫原性良好的鹅体内分离的大肠杆菌菌株接种于适宜的培养基培养，经甲醛溶液灭活后，加适量的氢氧化铝胶制而成。主要用于预防产蛋母鹅的卵黄性腹膜炎，即蛋子瘟。种鹅产蛋前半个月注射本疫苗，每只胸部肌内注射 1 毫升。免疫期 4 个月左右。放置在 10~20℃阴冷干燥处保存，有效期 1 年。

5. 鸭瘟鹅胚化弱毒疫苗

本品采用鸭瘟鹅胚化弱毒株接种鹅胚或鹅胚成纤维细胞，收获感染的鹅胚尿囊液、胚体及绒毛尿囊膜研磨或收获细胞培养液，加入适量保护剂，经冷冻真空干燥制成。组织苗呈淡红色，细胞苗呈乳白色，均匀海绵状疏松团块，易与瓶壁脱离，加入稀释液后迅速解成均匀的混悬液。本品用于预防鸭和鹅的鸭瘟。使用时，按瓶签注明的剂量，加生理盐水或灭菌蒸馏水按 1∶200 倍稀释，20 日龄以上鸭或鹅肌内注射 1 毫升。注射疫苗 5~7 天，即可产生免疫力，免疫期为 6~9 个月。放置在 −15℃以下保存，有效期为 18 个月。

（四）疫苗接种的方法

鹅免疫接种的方法可分为群体免疫法和个体免疫法。群体免疫法

是针对群体进行的，主要有经口免疫法（喂食免疫、饮水免疫）、气雾免疫法等。这类免疫法省时省工，但有时效果不够理想，免疫效果参差不齐，特别是幼雏鹅更为突出。个体免疫法是针对每只鹅逐个地进行的，包括滴鼻、点眼、涂擦、刺种、注射接种法等。这类方法免疫效果确实，但费时费力，劳动强度大。

不同种类的疫苗接种途径（方法）有所不同，要按照疫苗说明书进行。一种疫苗有多种接种方法时，应根据具体情况决定免疫方法，既要考虑操作简单，经济合算，更要考虑疫苗的特性和保证免疫效果。

鹅的免疫接种方法有饮水、滴眼、滴鼻、皮下或肌内注射和气雾免疫等。目前，我国养鹅场的鹅群最常用的仍是注射法，个别使用滴眼、滴鼻法。

1. 肌内或皮下注射法

肌内或皮下注射免疫接种的剂量准确、效果确实，但耗费劳力较多，应激较大。在操作中应注意。

① 疫苗稀释液应是经消毒而无菌的，一般不要随便加入抗菌药物。

② 疫苗的稀释和注射量应适当，量太小则操作时误差较大，量太大则操作麻烦，一般以每只0.2~1毫升为宜。

③ 使用连续注射器注射时，应经常核对注射器刻度容量和实际容量之间的误差，以免实际注射量偏差太大。

④ 注射器及针头用前均应消毒。

⑤ 皮下注射的部位一般选在颈部背侧，肌内注射部位一般选在胸肌或肩关节附近的肌肉丰满处。

⑥ 针头插入的方向和深度也应适当，在颈部皮下注射时，针头方向应向后向下，针头方向与颈部纵轴基本平行。对雏鹅的插入深度为0.5~1厘米，日龄较大的鹅可为1~2厘米。胸部肌内注射时，针头方向应与胸骨大致平行，插入深度在雏鹅为0.5~1厘米，日龄较大的鹅可为1~2厘米。

⑦ 在将疫苗液推入后，针头应慢慢拔出，以免疫苗液漏出。

⑧ 在注射过程中，应边注射边摇动疫苗瓶，力求疫苗的均匀。

⑨ 在接种过程中，应先注射健康群，再接种假定健康群最后接种有病的鹅群。

⑩ 关于是否一只鹅一个针头及注射部位是否消毒的问题，可根据实际情况而定。但吸取疫苗的针头和注射鹅的针头则绝对应分开，尽量注意卫生以防止经免疫注射而引起疾病的传播或引起接种部位的局部感染。

2. 滴眼、滴鼻

滴眼、滴鼻的免疫接种如操作得当，免疫效果比较好，尤其是对一些预防呼吸道疾病的疫苗，经滴眼、滴鼻免疫效果较好。当然，这种接种方法需要较多的劳动力，对鹅也会造成一定的应激，如操作上稍有马虎，则往往达不到预期的目的，这种免疫接种上应注意以下几点。

① 稀释液必须用蒸馏水或生理盐水，最低限度应用冷开水，不要随便加入抗生素。

② 稀释液的用量应尽量准确，最好根据自己所用的滴管或针头事先滴试，确定每毫升多少滴，然后再计算实际使用疫苗稀释液的用量。

③ 为了操作的准确无误，1手1次只能抓1只鹅，不能1手同时抓几只鹅。

④ 在滴入疫苗之前，应把鹅的头颈摆成水平的位置（一侧眼鼻朝天，一侧眼鼻朝地），并用一只手指按住向地面一侧鼻孔。

⑤ 在将疫苗液滴加到眼和鼻上以后，应稍停片刻，待疫苗液确已吸入后再将鹅轻轻放回地面。

⑥ 应注意做好已接种和未接种鹅之间的隔离，以免走乱。

⑦ 为减少应激，最好在晚上接种，如天气阴凉也可在白天适当关闭门窗后，在稍暗的光线下抓鹅接种。

3. 刺种法

接种时，先按规定剂量将疫苗稀释好，用接种针或大号缝纫机针头或沾水笔尖蘸取疫苗，在翅膀内侧无血管处的翼膜刺种。

4. 涂擦法

在禽痘接种时，先拔掉禽腿的外侧或内侧羽毛5~8根，然后用无菌棉签或毛刷蘸取已稀释好的疫苗，逆着羽毛生长的方向涂擦3~5下。

5. 经口免疫法

（1）饮水免疫法　为使饮水免疫法达到应有的效果，必须注意以下。用于饮水免疫的疫苗必须是高效价的；在饮水免疫前后的24小时不得饮用任何消毒药液，最好加入0.2%脱脂奶粉；稀释疫苗用的水最好是蒸馏水，也可用深井水或冷开水，不可使用有漂白粉的自来水。根据气温、饲料等的不同，免疫前停水2~4小时，夏季最好夜间停水，清晨饮水免疫。饮水器具必须洁净且数量充足，以保证每只鹅都能在短时间内饮到足够的疫苗量。大群免疫要在第2天以同样方法补饮1次。

（2）喂食免疫法（拌料法）　免疫前应停喂半天，以保证每只鹅都能摄入一定的疫苗量。稀释疫苗的水不要超过室温，然后将稀释好的疫苗均匀地拌入饲料。已经稀释好的疫苗进入体内的时间越短越好，因此，必须有充足的饲具并放置均匀，保证每只鹅都能吃到。

6. 气雾免疫法

使用特制的专用气雾喷枪，将稀释好的疫苗气化喷洒在禽只高度密集的禽舍内，使禽吸入气化疫苗而获得免疫。实施气雾免疫时，应将禽只相对集中，关闭门窗及通风系统。

二、免疫计划与免疫程序

当前，鹅疫病多发，控制难度加大。除了要严格实施生物安全措施外，免疫接种是十分有效的防控措施。

鹅的免疫接种是用人工的方法将有效的生物制品（疫苗、菌苗）引入鹅体内，从而激发机体产生特异性的抗体，使其对某一种病原微生物具有抵抗力，避免疫病的发生和流行。对于种鹅，不但可以预防其自身发病，而且还可以提高其后代雏鹅母源抗体水平，提高雏鹅的免疫力。由此可见，对鹅群有计划的免疫预防接种是预防和控制传染病（尤其是病毒性传染病）最为重要的手段。

（一）免疫计划的制定与操作

制定免疫计划是为了接种工作能够有计划地顺利进行以及对外交

易时能提供真实的免疫证据。每个鹅场都应因地制宜根据当地疫情的流行情况，结合鹅群的健康状况、生产性能、母源抗体水平和疫苗种类、使用要求以及疫苗间的干扰作用等因素，制定出切实可行的适合于本场的免疫计划。在此基础上选择适宜的疫苗，并根据抗体监测结果及突发疾病对免疫计划进行必要的调整，提高免疫质量。

一般地，可根据免疫程序和鹅群的现状资料提前1周拟定免疫计划。免疫计划应该包括鹅群的种类、品种、数量、年龄、性别、接种日期、疫苗名称、疫苗数量、免疫途径、免疫器械的数量和所需人力等内容。

要重视免疫接种的具体操作，确保免疫质量。技术人员或场长必须亲临接种现场，密切监督接种方法及接种剂量，严格按照各类疫苗使用说明进行规范化操作。个体接种必须保证一只鹅不漏掉，每只鹅都能接受足够的疫苗量，产生可靠的免疫力，宁肯浪费部分疫苗，也绝不能有漏免鹅；注射针头最好一鹅一针头，坚决杜绝接种感染，以免影响抗体效价生成。群体接种省时省力，但必须保证免疫质量，饮水免疫的关键是保证在短时间内让每只鹅都确实地饮到足够的疫苗；气雾免疫技术要求严格，关键是要求气雾粒子直径在规定的范围内，使鹅周围形成一个局部雾化区。

（二）免疫程序的制定

免疫程序是指根据一定地区或养殖场内不同传染病的流行状况及疫苗特性，为特定动物群制定的疫苗接种类型、次序、次数、途径及间隔时间。制定免疫程序通常应遵循的原则如下。

1. 免疫程序是由传染病的特征决定的

由于畜禽传染病在地区、时间和动物群中的分布特点和流行规律不同，它们对动物造成的危害程度也会随时发生变化，一定时期内兽医防疫工作的重点就有明显的差异，需要随时调整。有些传染病流行时具有持续时间长、危害程度大等特点，应制定长期的免疫防治对策。

2. 免疫程序是由疫苗的免疫学特性决定的

疫苗的种类、接种途径、产生免疫力需要的时间、免疫力的持续期等差异是影响免疫效果的重要因素，因此在制定免疫程序时要根据这些特性的变化进行充分的调查、分析和研究。

3. 免疫程序应具有相对的稳定性

如果没有其他因素的参与，某地区或养殖场在一定时期内动物传染病分布特征是相对稳定的。因此，若实践证明某一免疫程序的应用效果良好，则应尽量避免改变这一免疫程序。如果发现该免疫程序执行过程中仍有某些传染病流行，则应及时查明原因（疫苗、接种、时机或病原体变异等），并进行适当的调整。

（三）免疫程序制定的方法和程序

目前仍没有一个能够适合所有地区或养禽场的标准免疫程序，不同地区或部门应根据传染病流行特点和生产实际情况，制定科学合理的免疫接种程序。某些地区或养禽场正在使用的程序，也可能存在某些防疫上的问题，需要进行不断地调整和改进。因此，了解和掌握免疫程序制定的步骤和方法具有非常重要的意义。

1. 掌握威胁本地区或养殖场传染病的种类及其分布特点

根据疫病监测和调查结果，分析该地区或养禽场内常发多见传染病的危害程度以及周围地区威胁性较大的传染病流行和分布特征，并根据动物的类别确定哪些传染病需要免疫或终生免疫，哪些传染病需要根据季节或年龄进行免疫防治。

2. 了解疫苗的免疫学特性

由于疫苗的种类、适用对象、保存、接种方法、使用剂量、接种后免疫力产生需要的时间、免疫保护效力及其持续期、最佳免疫接种时机及间隔时间等不同，在制定免疫程序前，应对这些特性进行充分的研究和分析。一般来说，弱毒疫苗接种后 5~7 天、灭活疫苗接种后 2~3 周可产生免疫力。

3. 充分利用免疫监测结果

由于年龄分布范围较广的传染病需要终生免疫，因此应根据定期测定的抗体消长规律确定首免日龄和加强免疫的时间。初次使用的免疫程序应定期测定免疫动物群的免疫水平，发现问题要及时进行调整并采取补救措施。新生动物的免疫接种应首先测定其母源抗体的消长规律，并根据其半衰期确定首次免疫接种的日龄，以防止高滴度的母源抗体对免疫力产生的干扰。

4. 根据传染病发病及流行特点决定是否进行疫苗接种、接种次数及时机

发生于某一季节或某一年龄段的传染病，可在流行季节到来前2~4周进行免疫接种，接种的次数则由疫苗的特性和该病的危害程度决定。

总之，制定不同动物或不同传染病的免疫程序时，应充分考虑本地区常发多见或威胁大的传染病分布特点、疫苗类型及其免疫效能和母源抗体水平等因素，这样才能使免疫程序具有科学性和合理性。

（四）不同类型的鹅常用免疫程序参考

1. 健康鹅群免疫程序

（1）雏鹅群

① 小鹅瘟雏鹅活苗免疫。未经小鹅瘟活苗免疫种鹅后代的雏鹅，或经小鹅瘟活苗免疫 100 天之后种鹅后代的雏鹅，在出壳后 1~2 天内应用小鹅瘟雏鹅活苗皮下注射免疫。免疫 7 天内须隔离饲养，防止在未产生免疫力之前因野外强毒感染而引起发病，7 天后免疫的雏鹅产生免疫力，基本可以抵抗强毒的感染而不发病。免疫种鹅在有效期内其后代的雏鹅有母源抗体，不要用活苗免疫，因母源抗体能中和活苗中的病毒，使活苗不能产生足够免疫力而导致免疫失败。

② 小鹅瘟抗血清免疫。在无小鹅瘟流行的区域，易感雏鹅可在 1~7 日龄时用同源（鹅制）抗血清，琼扩效价在 1∶16 以上，每只皮下注射 0.5 毫升。有小鹅瘟流行的区域，易感雏鹅应在 1~3 日龄时用上述血清，每只 0.5~0.8 毫升。异源血清（其他动物制备）不能作为预防用，因注射后有效期仅为 5 天，5 天后抗体很快消失。上述方法均能有效地控制小鹅瘟的流行发生。

③ 鹅副黏病毒病灭活苗、鹅禽流感灭活苗免疫。种鹅未经免疫后代的雏鹅或免疫 3 个月以上种鹅后代的雏鹅。如当地无此两种病的疫情，可在 10~15 日龄时用油乳剂灭活苗免疫，每只皮下注射 0.5 毫升；如当地有此两种病的疫情，应在 5~7 日龄时用灭活苗免疫，每只皮下注射 0.5 毫升。

④ 鹅出血性坏死性肝炎灭活苗、鹅浆膜炎灭活苗免疫。7~10 日龄雏鹅用灭活苗免疫，每只皮下注射 0.5 毫升。

（2）仔鹅群　鹅副黏病毒病灭活苗、鹅禽流感灭活苗免疫：鹅副黏病毒病在第 1 次免疫后 2 个月内，鹅禽流感在第 1 次免疫后 1 个月左右进行第 2 次免疫，适当加大剂量，每鹅肌内注射 1 毫升。后备种鹅 3 月龄左右用小鹅瘟种鹅活苗免疫 1 次，作为基础免疫，按常规量注射。

（3）成年鹅群

① 产蛋前免疫。鹅卵黄性腹膜炎灭活苗或鹅卵黄性腹膜炎、禽巴氏杆菌二联灭活苗免疫：鹅群在产蛋前 15 天左右肌内注射单苗或二联灭活苗免疫。鹅副黏病毒病灭活苗、鹅禽流感灭活苗免疫：鹅群在产蛋前 10 天左右，在另侧肌内注射油乳剂灭活苗免疫，每鹅肌内注射 1 毫升。小鹅瘟种鹅免疫：在产蛋前 5 天左右，如仔鹅群已免疫过，可用常规 5 倍羽份小鹅瘟活苗进行第 2 次免疫，免疫期可达 5 月之久。如仔鹅群没免疫过，按常规量免疫，免疫期仅为 100 天。种鹅群在产蛋前用种鹅用活疫苗 1 羽份皮下或肌内注射，另一侧肌内注射小鹅瘟油乳剂灭活苗 1 羽份，免疫后 15 天至 5 个月内孵化的雏鹅均具有较高的保护率。

② 产蛋中期免疫。鹅副黏病毒病灭活苗、鹅禽流感灭活苗免疫：在 3 个月后再进行 1 次油乳剂灭活苗免疫，每羽肌内注射 1 毫升。小鹅瘟免疫：鹅群仅在产蛋前用小鹅瘟种鹅活苗免疫 1 次，在第 1 次免疫后 100 天后用 2~5 羽份剂量免疫，使雏鹅群有较高的保护率，可延长 3 个月之久。商品鹅群免疫程序：小鹅瘟疫苗免疫按雏鹅群进行，鹅副黏病毒病和鹅禽流感灭活苗免疫，按雏鹅群和仔鹅群免疫方法进行。鹅出血性坏死性肝炎和鹅浆膜炎免疫，按雏鹅群免疫方法进行。

下列鹅的免疫程序可供参考。

1 日龄：抗小鹅瘟病毒血清 0.5 毫升皮下注射或胸肌注射（在确保母源抗体有效时可免除注射，并改用雏鹅用小鹅瘟疫苗皮下注射 0.1 毫升，同时免除 7 日龄注射）。

7 日龄：雏鹅用小鹅瘟疫苗皮下或胸肌注射 0.1 毫升（约 7 日以后产生抗体）。

14 日龄：鹅疫 - 鹅副黏二联油乳剂灭活苗（扬州），胸肌注射

0.3~0.5 毫升。

30 日龄：禽霍乱蜂胶苗（山东滨州）胸肌注射 1 毫升（对非疫区可以推迟到 60 日龄注射）。

90 日龄：鹅疫－鹅副黏二联油乳剂灭活苗（扬州），胸肌注射 0.5 毫升。

160 日龄（或开产前 4 周）：种鹅用小鹅瘟疫苗，肌内注射 1 毫升。

170 日龄（或开产前 3 周）：鹅疫－鹅副黏二联油乳剂灭活苗（胸肌注射 1 毫升）。

180 日龄（或开产前 2 周）：鹅蛋子瘟灭活苗，胸肌注射 1 毫升。

190 日龄（或开产前 1 周）：禽霍乱蜂胶苗（山东滨州），胸肌注射 1 毫升。

280 日龄（或开产后 90 日）：种鹅用小鹅瘟疫苗，肌内注射 1 毫升。

290 日龄（或开产后 100 日）：鹅疫－鹅副黏二联油乳剂灭活苗，胸肌注射 1 毫升。

300 日龄（或开产后 110 日）：鹅蛋子瘟灭活苗，胸肌注射 1 毫升。

310 日龄（或开产后 120 日）：禽霍乱蜂胶苗（山东滨州），胸肌注射 1 毫升。

蛋用种鹅的下一个产蛋季节免疫：按 160 日龄以后的程序重复进行。

说明：

① 1~3 日龄，对于有鹅新型病毒性肠炎的地区可以使用抗雏鹅新型病毒性肠炎病毒－小鹅瘟二联高免血清 0.5 毫升（或抗体 1~1.5 毫升）皮下注射。160 日龄（或开产前 4 周），用雏鹅新型病毒性肠炎病毒－小鹅瘟二联弱毒疫苗肌内注射。也可以在 170 日龄（或开产前 3 周），用雏鹅新型病毒性肠炎病毒－小鹅瘟二联弱毒疫苗加强一次。280 日龄也可以使用上述联苗。

② 不同鹅品种开产日龄不一样，因此免疫时间应进行调整，应以开产的时间为准，如四川白鹅开产日龄 200 天的，可以按上述程序

免疫；如果是 240 天的，则开产前 4 周的免疫时间应调整在 200~210 日龄进行。

③ 商品仔鹅 90 天出栏，只进行 30 日龄前的免疫；产蛋鹅第一产蛋季节可以按上述程序进行，如认为开产后 90~120 日龄注射疫苗影响产蛋时可改用药物预防；留作种鹅生产的，进入下一个产蛋季节的免疫程序，应按 160 日龄以后的程序重复进行。

2. 鹅群紧急预防

（1）雏鹅群

① 小鹅瘟紧急预防。每雏鹅皮下注射高效价 0.5~0.8 毫升抗血清，在血清中可适当加入广谱抗生素。

② 鹅副黏病毒病、鹅流感紧急预防。当周围鹅群发生鹅副黏病毒病或鹅流感疫病时，健康鹅群除采取消毒、隔离、封锁等措施外，对鹅群应立即用Ⅱ号剂型灭活苗皮下或肌内注射 0.5 毫升。

（2）其他鹅群　鹅副黏病毒病、鹅流感紧急预防：当周围鹅群发生鹅副黏病毒病或鹅流感疫病时，健康鹅群除采取消毒、隔离、封锁等措施外，对鹅群应立即注射相应疫病的Ⅱ号剂型灭活苗，而不用Ⅰ号剂型灭活苗。因Ⅰ号剂型灭活苗免疫后 15 天左右才能产生较强免疫力，而Ⅱ号剂型灭活苗免疫后 5~7 天即可产生较强免疫力，有利于提早防止鹅群被感染。每鹅皮下或肌内注射 0.5~1 毫升。在用Ⅱ号剂型灭活苗免疫后 1 个月再用Ⅰ号剂型灭活苗免疫，每鹅肌内注射 1 毫升。

3. 病鹅群紧急防治

（1）小鹅瘟紧急防治　雏鹅群一旦发生小鹅瘟时，立即将未出现症状的雏鹅隔离出饲养场地，放在清洁无污染场地饲养，并每雏鹅皮下注射高效价 0.5~0.8 毫升抗血清，或 1~1.6 毫升卵黄抗体，在血清或卵黄抗体中可适当加入广谱抗生素。每只病雏鹅皮下注射高效价 1 毫升抗血清或 2 毫升卵黄抗体。患病仔鹅每 500 克体重注射 1 毫升抗血清或 2 毫升卵黄抗体。

（2）鹅副黏病毒病紧急防治　鹅群一旦发生鹅副黏病毒病时，首先应确诊。在确诊后，立即将未出现症状的鹅隔离出饲养场地，放在清洁无污染场地饲养。除了淘汰、无害处理病死鹅，彻底消毒饲养场地及用具外，并采取以下措施：仔鹅、青年鹅、成年鹅，每鹅肌内或皮下注射Ⅱ号剂型灭活苗1毫升，通常在注射疫苗后5~7天可控制发病和死亡。在注射疫苗时应勤换针头，防止针头交叉感染而引起发病，在注射Ⅱ号剂型灭活苗后1个月左右再用Ⅰ号剂型灭活苗免疫。雏鹅群应注射抗血清或卵黄抗体，抗体注射6~7天后应注射Ⅰ号剂型灭活苗。在应用疫苗或抗体免疫时可适量用广谱抗生素和抗病毒药物。

（3）鹅流感紧急防治　鹅群一旦发病时，首先上报及确诊，并立即封锁，将病死鹅作无害处理，彻底消毒场地及用具。将未出现症状的鹅隔离出饲养场地，放在清洁无污染场地饲养。除了雏鹅外，每鹅肌内注射Ⅱ号剂型灭活苗1.0毫升，一般在5~7天内可控制发病和死亡。在注射灭活苗时，应勤换针头，防止因针头污染而引起发病。在注射Ⅱ号剂型灭活苗后1个月应再用Ⅰ号剂型灭活苗免疫。鹅群可应用抗体作紧急注射，有一定效果，但6~7天后应注射Ⅰ号剂型灭活苗。在用灭活苗或抗体免疫时可适量用广谱抗生素和抗病毒药物。患病的雏鹅应用灭活苗或抗体均难达到预防效果。

（4）剑带绦虫病紧急防治　鹅群放牧下水容易感染剑带绦虫发剑带绦虫病。该病主要危害数周龄至5月龄的鹅，因此必须有计划用药物驱虫。商品鹅群应在1~1.5月龄时驱虫1次，留种种鹅群除了1~1.5月龄时驱虫1次外，在4~5月龄时应再驱虫1次。驱虫药物有硫双二氯酚，每千克体重用150~200毫克，1次喂服；吡喹酮每千克体重10毫克，1次喂服；氯硝柳胺，每千克体重50~60毫克，1次喂服。

三、免疫监测与免疫失败

（一）免疫接种后的观察

疫苗和疫苗佐剂都属于异物，除了刺激机体免疫系统产生保护性免疫应答以外，或多或少的也会产生机体的某些病理反应，精神状态变差，接种部位出现轻微炎症，产蛋鹅的产蛋量下降等。反应强度随疫苗质量、接种剂量、接种途径以及机体状况而异，一般经过几个小时或1~2天会自行消失。活疫苗接种后还要在体内生长繁殖、扩大数量，具有一定的危险性。因此，在接种后1周内要密切观察鹅群反应，疫苗反应的具体表现和持续时间参看疫苗说明书，若反应较重或发生反应的鹅数量超过正常比例时，需查找原因，及时处理。

（二）免疫监测

在养鹅生产中，长期对血清学监测是十分必要的，这对疫苗选择、疫苗免疫效果的考察、免疫计划的执行是非常有用的。通过血清学监测，可以准确掌握疫情动态，根据免疫抗体水平科学地进行综合免疫预防。在鹅群接种疫苗前后对抗体水平的监测十分必要，免疫后的抗体水平对疾病防御紧密相关。

1.免疫监测的目的

接种疫苗是目前防御疫病传播的主要方法之一，但影响疫苗效果的因素是多方面的，如：疫苗质量、接种方法、动物个体差异、免疫前已经感染某种疾病、免疫时间以及环境因素等均对抗体产生有重要影响。因此，在接种疫苗前对母源抗体的监测及接种后是否能产生抗体或合格的抗体水平的监测和评价就具有重要的临床意义和经济意义。

通过对抗体的监测可以做到如下几方面。

（1）准确把握免疫时机　如在种鹅预防免疫工作中，最值得关注的就是强化免疫的接种时机问题。在两次免疫的间隔时间里，种鹅的抗体水平会随着时间逐渐下降，而在何种水平进行强化免疫是一个令人头疼的问题。因为在过高的抗体水平进行免疫，不仅浪费疫苗，增加了经济成本，而且过高的抗体水平还会中和疫苗，影响疫苗的免疫效果，导致免疫失败；但是在较低的抗体水平进行免疫，又会出现抗体保护真空期，威胁种鹅的健康。试验结果证明，在进行禽流感疫苗免疫时，如果免疫对象的群体抗体滴度过高会导致免疫后抗体水平出现明显下降，抗体上升速度和峰滴度都难以达到期望的水平；免疫时群体抗体滴度低的群体的免疫效果较好。这一结果主要是由于过高的群体抗体滴度会中和疫苗中免疫抗原，导致免疫效果不佳和免疫失败。为达到一较好的免疫效果，应选择在群体抗体滴度较低时进行，但考虑到过低的抗体水平（<4log2）会影响到种鹅的群体安全，所以种鹅的禽流感强化免疫应选择在群体抗体滴度4~5log2时进行，这样

取得的抗体效价最好。

（2）及时了解免疫效果 应用本产品对疫苗免疫鹅群进行抗体检测，其80%以上结果呈阳性，预示该鹅群平均抗体水平较高，处于保护状态。

（3）及时掌握免疫后抗体动态 实验证明对鹅新城疫抗体的监测中，抗体滴度在4log2时鹅群的保护率为50%左右，在4log2以上的保护率可达90%~100%；在4log2以下非免疫鹅群保护率约为9%，免疫过的鹅群约为43%，根据鹅群1%~3%比例抽样，抗体几何平均值达5~9log2，表明鹅群为免疫鹅群，且免疫效果甚佳。对种鹅要求新城疫抗体水平应在9log2最为理想，特别是5log2以下的鹅群要考虑加强免疫，使种鹅产生坚强的免疫抗体，才能保证种鹅群的健康发展，孵化出健壮的雏鹅；对普通成年鹅群抵抗强毒新城疫的攻击的抗体效价不应小于6log2。

（4）种蛋检疫 卵黄抗体水平一方面能实时反映种鹅群的抗体水平及疫苗免疫效果，另一方面能为子代雏鹅免疫程序的制定提供科学依据。因此建议，有条件的养鹅场，对外购种蛋应按0.2%的比率抽检进行抗体监测，掌握种蛋的质量，判断子代鹅群对哪些疾病具有保护能力以及有可能引发的疾病流行状况，防止引进野毒造成疾病流行。

2. 监测抽样

随机抽样，抽样率根据鹅群大小而定，一般10 000羽以上鹅群按0.5%抽样，1 000~10 000羽按1%抽样，1 000羽以下不少于3%。

3. 监测方法

新城疫和禽流感均可运用血凝试验（HA）和血凝抑制试验（HI）监测，具体方法参照《GB/T 16550—2008 新城疫诊断技术》和《GB/T 18936—2003 高致病性禽流感诊断技术》。

（三）免疫失败的原因与注意事项

1. 不规范的免疫程序

鹅有一定的生长规律，要按其免疫器官的生理发育特点制定规范的免疫程序，按鹅生长的规律和特点依次进行防疫接种。雏鹅要接种雏鹅易发病的疫苗，成年鹅要接种成年鹅易发病的疫苗，各个生长期疾病不是完全一样的，需要接种时间也不一样。由于地区、养鹅品种的差异，各地的免疫程序有差别，应尽量选择适宜本地区的免疫程序，按生长日期接种相应的疫苗。不按程序接种会干扰鹅体内的免疫系统，发生免疫机能紊乱而导致免疫失败。

有些养殖场户，自始至终使用一个固定的免疫程序，特别是在应用了几个饲养周期，自我感觉还不错的免疫程序，就一味地坚持使用。没有根据当地的流行病学情况和自己鹅场的实际情况，灵活调整并制定适合自己鹅场的免疫程序。

没有一个免疫程序是一成不变、一劳永逸的。制定自己鹅场合理的免疫程序，需要随时根据相应的情况加以调整。

2. 疫苗质量差

防疫效果的好坏，选择疫苗是关键环节。疫苗属生物制品，是微生物制剂，生产技术较高，条件比较苛刻，如果生产厂家不规范，生产的疫苗质量不合格，如病毒含量不足、操作环节中密封出现问题、冻干苗真空包装出现问题、辅助剂或填充剂有问题及保存的条件问题等都能造成疫苗的质量下降，接种了这种疫苗，必然会引起免疫失败。

还有些疫苗肉眼看上去就有不合格的现象，如疫苗瓶破碎或瓶上有裂纹，或内容物有异常的固形物，或块状疫苗萎缩变小或变成粉状等都是质量差的疫苗。

3. 疫苗运输和保存条件差

疫苗属于生物制品，运输和保存要求条件高，一般冻干苗都要冷冻在 −18~−15℃，保存效价能维持到一年。随着温度上升的变化而缩短保存时间。现在使用的活菌疫苗，更需要冷冻条件运输。一般的油乳剂液体疫苗，需保存在常温 20℃以下阴凉处，如果不经心在阳光下暴晒了，即便是 1 个小时，也会损伤里面的抗原因子，质量就无法保证，就可能会造成免疫失败。

4. 选用疫苗的血清型不符

雏鹅接种种鹅疫苗，接种后会发现抗体滴度低或没有反应。另外，一个地区由于病的变异，会产生多个血清型，若流行的病毒血清型与接种疫苗的病毒血清型不符，产生的抗体效果差，免疫效果不理想。

5.疫苗剂量不足

我们平时接种的疫苗剂量一般都是按整数计算，1 瓶 1 000 羽、2 000 羽或 500 羽、200 羽，每 1 瓶疫苗都有规定的病毒数量，也就是相应的免疫量。按照规律，可以接种比标准数少一些的鹅，而不能比标准数多的鹅。实际生产中，有时候严格数量超出整瓶数量，如 1 200 只、1 700 只等，某些养殖户就会忽视防疫的重要性，错误地认为稍多几只没有问题，结果接种疫苗后反而发病的数量增多了，说明免疫接种量少而引起了免疫接种失败。

6.疫苗过期

由于贪图便宜或者时间紧，购买疫苗时不仔细检查，疫苗过期，防疫接种时拿出来就用，结果鹅群用过疫苗不但不起免疫作用，还引发了传染病。

总之，疫苗是生物制品，选购要标准，运输保存要合理，接种防疫操作要认真仔细，才能防止免疫失败，保证养殖健康发展。

第四节　鹅病的药物预防保健

科学合理用药是防治传染病的有力补充。应用药物预防和治疗也是增强机体抵抗力和防制疾病的有效措施。尤其是对尚无有效疫苗可用或免疫效果不理想的细菌病，如沙门氏菌病、大肠杆菌病、浆膜炎等。

一、用药目的

1.预防性投药

当鹅群存在以下应激因素时需预防性投药。

（1）环境应激　季节变换，环境突然变化，温度、湿度、通风、光照突然改变，有害气体超标等。

（2）管理应激　包括免疫、转群、换料、缺水、断电等。

（3）生理应激　雏鹅抗体空白期、开产期、产蛋高峰期等。

2. 条件性疾病的治疗

当鹅群因饲养管理不善，发生条件性疾病时，如大肠杆菌病、沙门氏菌病、浆膜炎等，及时针对性投放敏感药物，使鹅群在最短时间内恢复健康。

3. 控制疾病的继发感染

任何疫病都是严重的应激危害因素，可诱发其他疾病同时发生。如鹅群发生病毒性疾病、寄生虫病、中毒性疾病等，易造成抵抗力下降，容易继发条件性疾病，此时通过预防性药物，可有效降低损失。

二、药物的使用原则

1. 预防为主、治疗为辅

要坚持预防为主的原则。制定科学的用药程序，搞好药物预防、驱虫等工作。有的传染病只能早期预防，不能治疗，要做到有计划、有目的适时使用疫（菌）苗进行预防，及时搞好疫（菌）苗的免疫注射，搞好疫情监测。尽量避免蛋鹅发病用药，确保鹅蛋健康安全、无药物残留。必要时可添加作用强、代谢快、毒副作用小、残留最低的非人用药品和添加剂，或以生物制剂作为治病的药品，控制疾病的发生发展。

要坚持治疗为辅的原则。确需治疗时，在治疗过程中，要做到合理用药，科学用药，对症下药，适度用药，只能使用通过认证的兽药和饲料厂生产的产品，避免产生药物残留和中毒等不良反应。尽量使用高效、低毒、无公害、无残留的"绿色兽药"，不得滥用。

2. 确切诊断，正确掌握适应症

对于养鹅生产中出现的各种疾病要正确诊断，了解药理，及时治疗，对因对症下药，标本兼治。目前养鹅生产中的疾病多为混合感染，极少是单一疾病，因此用药时要合理联合用药，除了用主药，还要用辅药，既要对症，还要对因。

对那些不能及时确诊的疾病，用药时应谨慎。由于目前鹅病太多、太复杂，疾病的临床症状、病理变化越来越不典型，混合感染、继发感染增多，很多病原发生抗原漂移、抗原变异，病理材料无代表性，加上经验不足等原因，鹅群得病后不能及时确诊的现象比较普遍。在这种情况下应尽量搞清是细菌性疾病、病毒性疾病、营养性疾病还是其他原因导致的疾病，只有这样才能在用药时不会出现较大偏差。在没有确诊时用药时间不宜过长，用药3~4天无效或效果不明显时，应尽快停（换）药进行确诊。

3. 适度剂量，疗程要足

剂量过小，达不到预防或治疗效果；剂量过大，造成浪费、增加成本、药物残留、中毒等；同一种药物不同的用药途径，其用药剂量也不同；同一种药物用于治疗的疾病不同，其用药剂量也应不同。用药疗程一般3~5天，一些慢性疾病，疗程应不少于7天，以防复发。

4. 用药方式不同，其方法不同

如，拌料给药要采用逐级稀释法，以保证混合均匀，以免局部药物浓度过高而导致药物中毒。同时注意交替用药或穿梭用药，以免产生耐药性。

5. 注意并发症，有混合感染时应联合用药

现代鹅病的发生多为混合感染，并发症比较多，在治疗时经常联合用药，一般使用两种或两种以上药物，以治疗多种疾病。如治疗鹅呼吸道疾病时，抗生素应结合抗病毒的药物同时使用，效果更好。

6. 根据不同季节，日龄与发育特点合理用药

冬季防感冒、夏季防肠道疾病和热应激。夏季饮水量大，饮水给药时要适当降低用药浓度；而采食量小，拌料给药时要适当增加用药浓度。育雏、育成、产蛋期要区别对待，选用适宜不同时期的药物。

7. 接种疫苗期间慎用免疫抑制药物

鹅只在免疫期间，有些药物能抑制鹅的免疫效果，应慎用。如磺胺类、四环素类、甲砜霉素等。

8. 用药时辅助措施不可忽视

用药时还应加强饲养管理，因许多疾病是因管理不善造成的条件性疾病，如大肠杆菌病、寄生虫病、葡萄球菌病等，在用药的同时还应加强饲养管理，搞好日常消毒工作，保持良好的通风，适宜的密度、温度和光照，只有这样才能提高总体治疗疗效。

9. 根据养鹅生产的特点用药

禽类对磺胺类药的平均吸收率较其他动物要高，故不宜用量过大或时间过长，以免造成肾脏损伤。禽类缺乏味觉，故对苦味药、食盐颗粒等照食不误，易引起中毒。禽类有丰富的气囊，气雾用药效果更好。禽类无汗腺用解热镇痛药抗热应激，效果不理想。

10. 对症下药的原则

不同的疾病用药不同，同一种疾病也不能长期使用同一种药物进行治疗，最好通过药敏试验有针对性的投药。

同时，要了解目前临床上常用药和敏感药。目前常用药物有抗大肠杆菌、沙门氏菌药；抗病毒中药；抗球虫药等。选择药物时，应根据疾病类型有针对性使用。

三、常用的给药途径及注意事项

1. 拌料给药

给药时，可采用分级混合法，即把全部的用药量拌加到少量饲料中（俗称"药引子"），充分混匀后再拌加到计算所需的全部饲料中，最后把饲料来回折翻最少 5 次，以达到充分混匀的目的。

拌料给药时，严禁将全部药量一次性加入到所需饲料中，以免造成混合不匀而导致鹅群中毒或部分鹅只吃不到药物。

2. 饮水给药

选择可溶性较好的药物，按照所需剂量加入水中，搅拌均匀，让药物充分溶解后饮水。对不容易溶解的药物可采用适当加热或搅拌的方法，促进药物溶解。

饮水给药方法简便，适用于大多数药物，特别是能发挥药物在胃肠道内的作用；药效优于拌料给药。

3. 注射给药

分皮下注射和肌内注射两种方法。药物吸收快，血药浓度迅速升高，进入体内的药量准确，但容易造成组织损伤、疼痛、潜在并发症、不良反应出现迅速等，一般用于全身性感染疾病的治疗。

但应当注意，刺激性强的药物不能做皮下注射；药量多时可分点注射，注射后最好用手对注射部位轻度按摩；多采用腿部肌内注射，肌注时要做到轻、稳、不宜太快，用力方向应与针头方向一致，勿将针头刺入大腿内侧，以免造成瘫痪或死亡。

4.气雾给药

将药物溶于水中，并用专用的设备进行气化，通过鹅的自然呼吸，使药物以气雾的形式进入体内。适用于呼吸道疾病给药；对鹅舍环境条件要求较高；适合于急慢性呼吸道病等的治疗。

因呼吸系统表面积大，血流量多，肺泡细胞结构较薄，故药物极易吸收。特别是可以直接进入其他给药途径不易到达的气囊。

技能训练

常用消毒药物的配制。

【目的要求】掌握鹅场常用消毒药物的配制方法。

【训练条件】量杯或量筒、玻璃棒、研钵、粗天平、50%煤酚皂溶液（来苏尔）、生石灰、40%甲醛溶液（福尔马林）、氢氧化钠（苛性钠）、水等。

【操作方法】

1.5%来苏尔溶液配制法

取来苏尔5份，加清水95份（最好用50~60℃热水配制），混合均匀即成。

2.石灰乳配制法

1千克生石灰，加5千克水，即为20%石灰乳。配制时，最好用陶缸或木桶、木盆。首先，把等量水缓慢加入石灰内，稍停，石灰变为粉状时，再加入余下的水，搅匀即可。

3.福尔马林溶液配制法

福尔马林为37%~40%甲醛溶液（市售商品）。取10毫升甲醛，加90毫升蒸馏水，即成10%甲醛溶液。如需其他浓度的溶液，同样按比例加入甲醛和蒸馏水。

4.粗制氢氧化钠溶液

称取一定量的氢氧化钠（苛性钠）加入清水中（最好用60~70℃热水）搅匀溶解。如配4%氢氧化钠溶液，则取40克氢氧化钠，加

1 000毫升水即成。

【考核标准】

1．准备充分，物品摆放整齐有序。

2．操作细心、规范，称量准确。

3．能准确说出各种消毒药物的作用。

思考与练习

1．鹅场常用的消毒方法有哪些？

2．如何对鹅场育雏室进行消毒？

3．鹅场的卫生隔离主要包括哪些内容？

4．怎样对鹅场进行杀虫和灭鼠？

5．预防小鹅瘟常用哪些疫苗？各有什么特点？如何使用？

6．鹅场免疫失败的原因有哪些？应该如何防止免疫失败？

7．鹅的给药途径有哪些？

参考文献

[1] 许小琴，王志跃，杨海明 . 生态养鹅 [M]. 北京：中国农业出版社，2012.

[2] 陈国宏，王永坤 . 科学养鹅与疾病防治 [M]. 北京：中国农业出版社，2011.

[3] 陈耀王 . 快速养鹅与鹅肥肝生产 [M]. 北京：科学技术文献出版社，2001.

[4] 王永强 . 轻松学养鹅 [M]. 北京：中国农业科学技术出版社，2015.

[5] 张洪让，王玉顺 . 畜禽防疫检疫操作技术 [M]. 北京：学苑出版社，2008.